U0813941

中国地质大学(武汉)本科教学工程项目资助
中国地质大学(武汉)实验技术研究项目资助
中国地质大学(武汉)实验教学系列教材

地震勘探实验指导书

DIZHEN KANTAN SHIYAN ZHIDAOSHU

许顺芳　张　兵　编著

中国地质大学出版社
ZHONGGUO DIZHI DAXUE CHUBANSHE

图书在版编目(CIP)数据

地震勘探实验指导书/许顺芳，张兵编著．—武汉：中国地质大学出版社，2017.4
中国地质大学（武汉）实验教学系列教材
ISBN 978-7-5625-4004-5

Ⅰ.①地…
Ⅱ.①许… ②张…
Ⅲ.①地震勘探-实验-教材
Ⅳ.①P631.4

中国版本图书馆 CIP 数据核字(2017)第 071880 号

地震勘探实验指导书	许顺芳　张　兵　**编著**
责任编辑：王　敏	责任校对：徐蕾蕾
出版发行：中国地质大学出版社（武汉市洪山区鲁磨路 388 号）	邮政编码：430074
电　话：(027)67883511　　传　真：67883580	E-mail：cbb @ cug.edu.cn
经　销：全国新华书店	http://www.cugp.cug.edu.cn
开本：787 毫米×1092 毫米 1/16	字数：199 千字　印张：7.75
版次：2017 年 4 月第 1 版	印次：2017 年 4 月第 1 次印刷
印刷：武汉市籍缘印刷厂	印数：1—1000 册
ISBN 978-7-5625-4004-5	定价：26.00 元

如有印装质量问题请与印刷厂联系调换

中国地质大学(武汉)实验教学系列教材

编委会名单

前 言

《地震勘探实验指导书》是中国地质大学地球物理与空间信息学院实验中心系列实践教学教材。本教材适用于勘查技术与工程、地球物理学、资源勘查工程等相关本科专业的教学实验，同时也可供相关人员的培训使用。

地震勘探是地球物理勘探的重要方法之一，它在能源勘探与开发中起到了十分重要的作用。随着地震勘探技术的发展，它不断扩大应用领域，目前已广泛应用于工程地震，如地热勘探，公路、铁路、港口、民用建筑及大型厂房等的基础勘探，另外在天然地震预测、地质灾害（如滑坡等）调查、环境保护方面也有应用。

地震勘探是一门实践性很强的学科，需要有课堂的理论学习和实践锻炼才能真正理解并全面掌握。地震勘探教学由课堂教学和实验教学两大部分组成。实验教学是课堂教学的延续和补充，它既弥补了课堂理论教学中看不到、摸不着的东西，也弥补了课堂上学不到和讲不清楚的知识，往往这些知识又恰恰是生产实际中必需掌握的。因此实验教学在整个教学中是必不可少的，而且至关重要。

本教材结合理论教学中的相关内容设置，共安排了三部分的实验内容。第一部分超声波实验，共4个实验内容，包括弹性波介质速度超声波测量，地震波场超声模拟认识，单层介质反射波时距曲线的超声模拟测定，三维观测系统及物理模拟认识实验。第二部分野外场地实验，共7个实验内容，包括地震勘探装备认识及一致性检查，野外数据采集及地震波认识，地震映像法野外数据采集，浅层地震多次覆盖野外数据采集，浅层折射波野外数据采集，瞬态瑞雷面波野外数据采集，井间地震波CT法野外数据采集。该部分内容从地震装备的认识到仪器的检查出发，通过实验掌握仪器的操作，掌握目前常用的浅层地震的野外数据采集技术，深入理解各种波的传播规律。第三部分数据处理实验，共两个实验内容，包括一维频谱分析与滤波，FK滤波。一维频谱分析要求学生能识别有效波与干扰波频带分布，二维频谱分析要求学生在F－K域内能识别有效波与干扰波分布的区域。一维和二维频谱分析为设计滤波器提供基础。每部分实验内容安排2～4学时完成，也可以根据课堂教学内容选做实验内容。

在本实验教材的编写中，实验十二和实验十三由严哲编写，实验三中的数值模拟内容由刘江平提供，其他实验内容由许顺芳及张兵共同编写完成。全书由刘江平、朱培民审核，教材中数据处理软件由张学强提供。教材的出版得到中国地质大学（武汉）实验室与设备管理处和教务处的鼎力支持，在此表示诚挚的谢意。同时向教材所涉及参考资料的所有作者表示衷心的感谢。

因作者水平所限，不足之处在所难免，敬请读者批评指正。

编著者

2016年9月

目 录

第一部分 超声波实验

第二部分 野外场地实验

第三部分 数据处理实验

目 录

第一部分　超声波实验

本部分实验在超声波实验室内完成，共 4 个实验内容，包括弹性波介质速度超声波测量，地震波场超声模拟认识，单层介质反射波时距曲线的超声模拟测定，三维观测系统及物理模拟认识实验。每部分实验内容安排 2 学时完成，可以根据课堂教学内容选做实验。

实验一　弹性介质速度超声波测量

一、实验目的

(1)认识超声实验仪器及探头(换能器),学会仪器操作。

(2)学会辨认纵波和横波。

(3)测量介质纵、横波速度。

二、实验内容

(1)认识超声仪器,学会操作。

(2)认识夹心式探头。

(3)测量3～4种材料的纵波速度和横波速度(多次测量)。

注意:用夹心式探头测试时,每一对探头之间会存在一定的超声波传播时间,在测试之前应该先对这个时间进行测定,一般称该时间为探头对零时间。计算速度时,测量的传播时间应减去对零时间。

三、实验原理

超声波测量弹性介质速度的基本原理如图1-1所示。RSM-SY5声波仪的控制部分发信号给发射机,令它向发射探头发射电压,同时给计数器开门信号,并开始计时。当震动信号经模型介质到达接收探头后,探头接收的信号经放大后送入计算机,计算机上便显示出相应的波形。

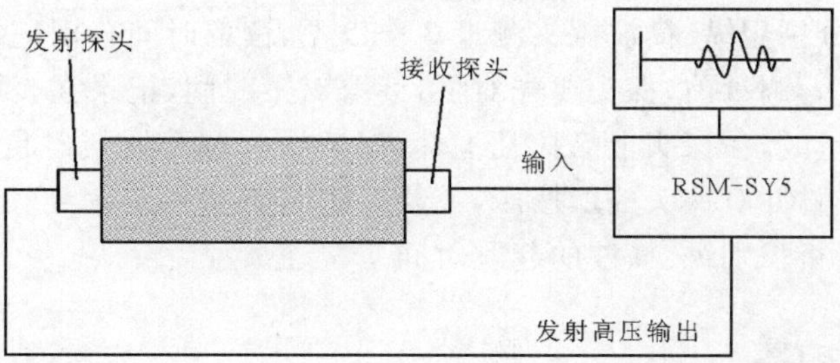

图1-1　超声波测量弹性介质速度的基本原理示意图

探头(换能器)是用压电陶瓷做成。它是电声转换装置,可将电信号转换为声信号向介质发射。介质产生的机械振动(声是一种机械振动)又可由探头将它转换为电信号,再由接收机将它接收、放大显示出来。

通过读取直达波时间 t（纵波、横波，μs）和量取介质的长度 l（cm），利用公式 $v=l/t$ 计算获得介质速度（m/s）。计算时需注意时间和长度单位的换算。

四、仪器的操作

超声仪器设备主要由发射换能器、接收换能器、RSM－SY5 声波仪和笔记本电脑组成（图 1－2）。仪器的操作见附件一。

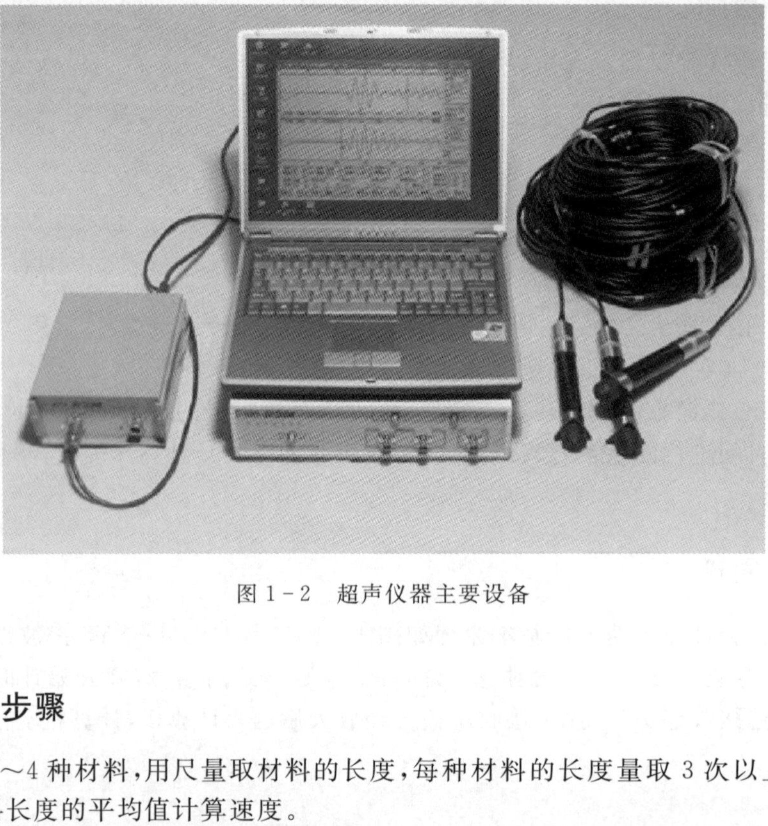

图 1－2　超声仪器主要设备

五、实验步骤

（1）选择 3～4 种材料，用尺量取材料的长度，每种材料的长度量取 3 次以上，分别记录在表格中，用材料长度的平均值计算速度。

（2）对每种材料分别用纵、横波探头测量 3 次以上，读取时间分别记录在表格中，用读取时间的平均值计算速度。测量前，探头要先对零，读取对零时间，记录在表格中。

注意：在纵波测量时，在探头上涂抹凡士林，保证探头和介质接触良好；在横波测量时，在探头上涂抹少许凡士林并对探头施加按压，或最好用石膏将探头固结在材料上保证探头和介质接触良好。认真分析识别纵、横波的起跳时间。

六、实验报告内容

（1）实际的实验内容。

（2）探头的延续度、分辨率分析。

（3）材料速度（测量数据列表）。

附记录表格

材料	长度 l(cm)			旅行时间 t(μs)			对零时间 t_0 (μs)	速度 v(m/s)			平均 v 值 (m/s)
	l_1	l_2	l_3	t_1	t_2	t_3		v_1	v_2	v_3	

实验二　地震波场超声模拟认识

一、实验目的

验证课本上所学的弹性介质地震波传播理论知识，认识波在介质中的传播规律。

二、实验内容

(1)学会超声地震物理模拟实验系统的操作。

(2)观察并描述波的传播规律。

(3)了解平界面直达波、折射波及反射波时距曲线的特点和相互之间的关系。

三、实验原理

1. 地震波的反射和透射

如图 2-1 所示，假设界面 R 将弹性空间分为上、下两部分 W_1 和 W_2，上半空间纵波的传播速度为 V_1，下半空间为 V_2。平面波波前 AB 以入射角 α 投射至界面，当地震波(平面波)波前上的 A 点到达界面 R 上的 A' 点时(此时平面波前为 $A'B'$)，根据惠更斯原理可以将界面上的 A' 点看成一个新震源，由该点产生一个新扰动向介质四周传播，当波前上的 B' 点经过 Δt 时间传播到界面 R 上的 Q 点时，由 A' 点新震源发出的扰动在 W_1 介质中亦以速度 V_1 传播了 Δt 时间，且在 W_2 介质中以速度 V_2 传播了 Δt 时间。在 W_1 和 W_2 介质中，均以 A' 点为圆心，并分别以 $V_1\Delta t$ 和 $V_2\Delta t$ 为半径画弧，以 Q 点分别画这两圆弧的切线，切点为 S 点和 T 点。

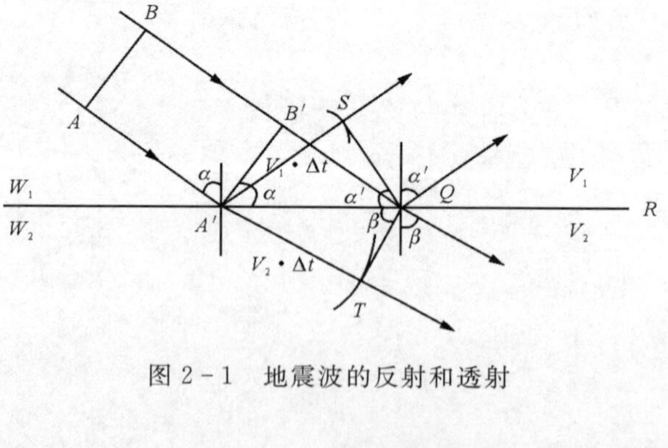

图 2-1　地震波的反射和透射

从图 2-1 中可以看出，在 W_1 介质中产生的新波前为 QS，它同入射波波前 $A'B'$ 在同一介质内，称为反射波；在 W_2 介质中产生新波前为 QT，称为透射波。如果设入射波波前面 $A'B'$、反射波波前面 QS、透射波波前面 QT 同界面 R 的夹角分别为 α、α'、β，则从图中简单的三角关系可以得到如下几点：

新波前：切线 QS、QT。

反射波：波前 QS 在 W_1 介质中。

透射波：波前 QT 在 W_2 介质中。

斯奈尔定律：

$$\frac{\sin\alpha}{V_1}=\frac{\sin\alpha'}{V_1}=\frac{\sin\beta}{V_2}=P$$

2. 折射波的形成

据透射定律可知，当 $V_2>V_1$，随 α 增大，β 也增大，透射波射线偏离法线向界面靠拢，当 $\alpha=i$（临界角），使 $\beta=90°$，透射波以 V_2 速度沿界面滑行，形成滑行波。滑行波所经过的界面上的任何一点，都可看作从该时刻产生子波的新震源，在上层介质中形成一种新的波动。由于它是高速滑行波的超前运动所引起的，在离开 O 点一定距离后，最先记录到该波，这样的折射波又称为首波，如图 2-2 所示。

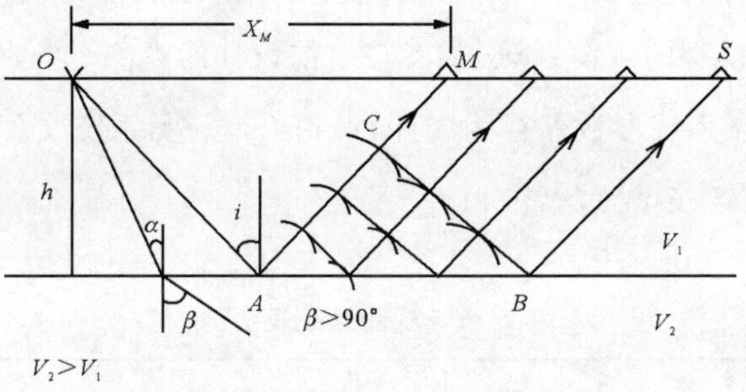

图 2-2　折射波的形成

四、实验操作

本次实验使用的实验装置为超声地震物理模拟实验系统，仪器操作见附件二；水为上层介质，速度为 1450m/s；下伏介质为有机玻璃板，速度为 2200m/s（可以根据实测获得）。

1. 摆放模型，定位发射和接收探头位置

按照实验要求用有机玻璃板物理模型，放入水槽中的实验台上，将坐标轴定位到模型需要观测的起始位置，将起始位置点设置为相对坐标原点，在计算机上按下 设坐标1原点 或 设坐标2原点 设定为坐标原点。实验模型和装置实例如图 2-3 所示。

2. 量取模型尺寸

用直尺量取模型到水面的距离。

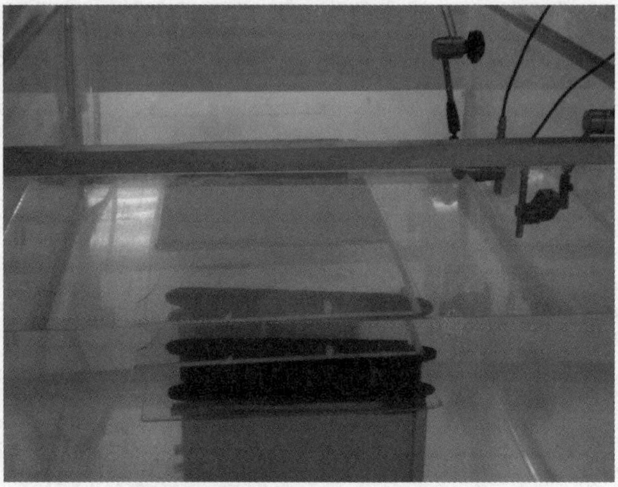

图 2-3　实验模型及装置

3. 输入/读出观测系统

观测系统和野外实际的观测系统相似，是物理模型的地震信号模拟采集的实施方案。根据实验要求合理设计出模型的观测系统，或者将以前设计的观测系统调入，先按 确认 ，再按 写文件 ，将当前观测系统参数保存为文件，得到一个观测系统文件和一个采集数据文件。然后按 读文件 ，读入观测系统（表 2-1）。

表 2-1　观测系统表示例

观测类型 / 参数	二维地面观测系统（单位：0.01mm）	三维地面观测系统（单位：0.01mm）
束线数	1	2
束线距	0	4000
束线测线数	1	4
炮线数	300	20
炮线起始位置	0	0
测线起始位置	0	0
接收道数	48	48
最小炮线检波点距	0	0
炮线距	200	1000
炮数/炮线	1	3
炮点间距	0	2000
道间距	100	200
测线距	0	2000
采样点数	8000	6000
采样频率	20	10

3. 模型数据采集

打开以上保存的观测系统文件，观测系统表将在软件显示栏观测系统表内显示，操作员可利用鼠标或键盘任意地选择一个或多个观测系统表条目，选中的观测系统表条目标记为深色，再选择采集按钮 ，系统按升序检测观测系统表条目，若观测系统表条目被选择，系统根据观测系统表条目序号定位该条目对应的炮记录在地震道数据文件的位置，并在屏幕上显示；依据观测系统表条目内容定位发射和接收测头，启动采集，存储该炮记录。此过程将实现全自动数据采集。

4. 数据后期处理

实验得到的数据是微机二进制 16 位 short 数据格式，可转换为工作站 SEG－Y 数据格式，这里提供一个简单的转换程序：shortTosegy. exe。运行后，根据提示填入正确的参数，如图 2－4 所示，即可转为标准的 SEG－Y 数据。后期的处理解释工作将和野外数据一样，完全可以在工作站专业处理软件中进行处理。

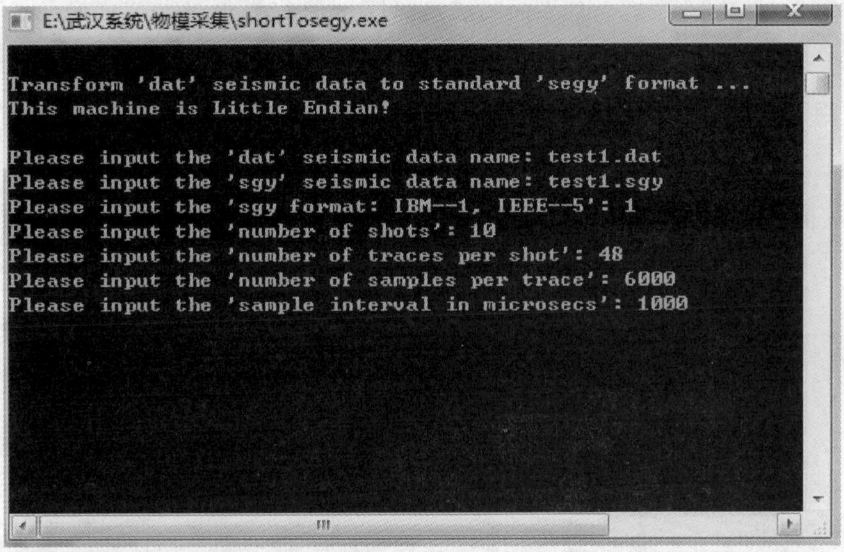

图 2－4　实验数据转存 SEG－Y 格式程序

5. 数据计算

分别在共炮点记录上识别并标示出接收到的各种波。根据实际模型计算出直达波、反射波和折射波的传播时间，并与实测共炮点记录进行对比。

直达波到达时间 t(s)计算，因均匀介质中波的传播路径是直线，根据水的波速($V=1450$m/s)和炮点到接收点的距离 X(m)就可以根据式(2－1)计算出直达波到达的时间：

$$t=\frac{X}{V} \qquad (2-1)$$

反射波到达时间 t(s)计算，按单个界面时，共炮点反射波时距曲线方程的一般式计算：

$$t=\frac{1}{V}\sqrt{X^2\pm 4hX\sin\phi+4h^2} \tag{2-2}$$

式中：h 是炮点到界面的法向深度(m)；X 是炮点到接收点的距离(m)；ϕ 是界面的倾角(°)，下倾激发用"－"号，上倾激发用"＋"号。

折射波临界点位置到达时间 t(s)：

当界面水平时用式(2-3)计算。

$$t=\frac{2h}{V_1\cos\alpha},\sin\alpha=\frac{V_1}{V_2} \tag{2-3}$$

式中：h 是炮点到界面的法向深度；α 是临界角，V_1、V_2 是上、下层介质速度。

当界面倾斜时，要考虑下倾激发或上倾激发的计算公式差异，下倾激发时用式(2-4)计算，上倾激发时用式(2-5)计算。

$$t=\frac{h}{V_1\cos\alpha}\left[1+\frac{\sin(90-\alpha-\phi)}{\sin(90-\alpha+\phi)}\right],\sin\alpha=\frac{V_1}{V_2} \tag{2-4}$$

$$t=\frac{h}{V_1\sin(90-\alpha)}\left[1+\frac{\sin(90-\alpha+\phi)}{\sin(90-\alpha-\phi)}\right],\sin\alpha=\frac{V_1}{V_2} \tag{2-5}$$

式(2-4)和式(2-5)中：h 是炮点到界面的法向深度；α 是临界角；ϕ 是界面倾角；V_1、V_2 是上、下层介质速度。

6. 炮点观测记录

对水平界面和倾斜平界面均做共炮点观测(即发射探头固定在某一个位置，接收探头每移动 2～3mm 观测一次，分别读出直达波和反射波传播时间。注意：激发点两边均要观测)。获得的共炮点记录如图 2-5 和图 2-6 所示。

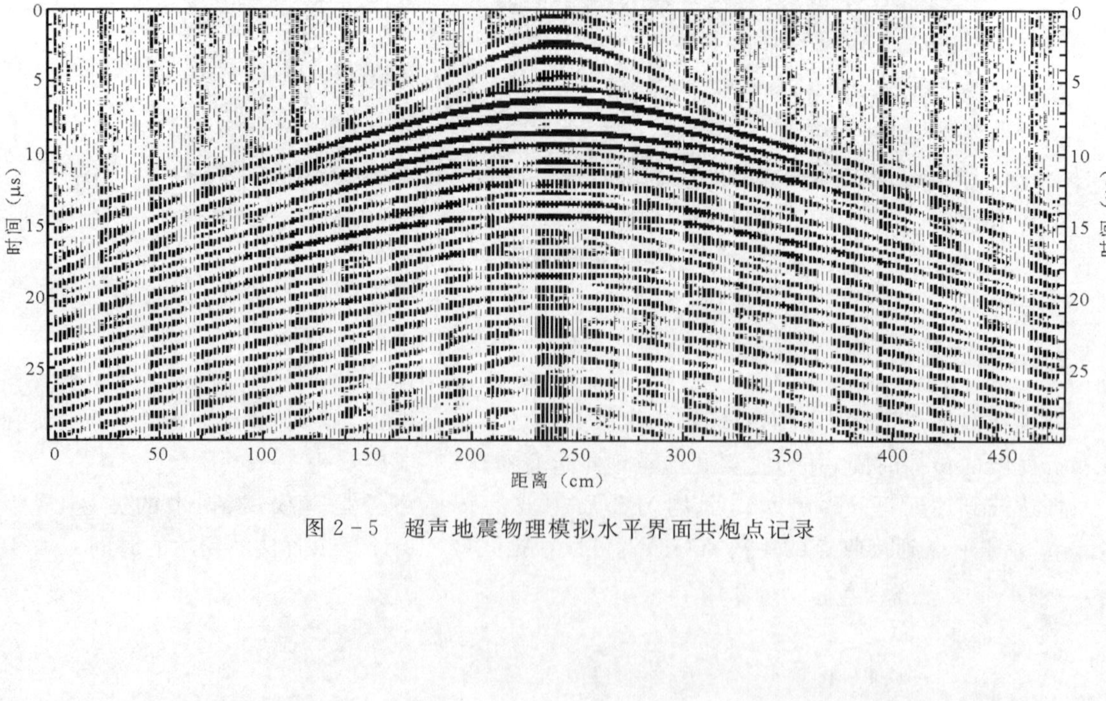

图 2-5 超声地震物理模拟水平界面共炮点记录

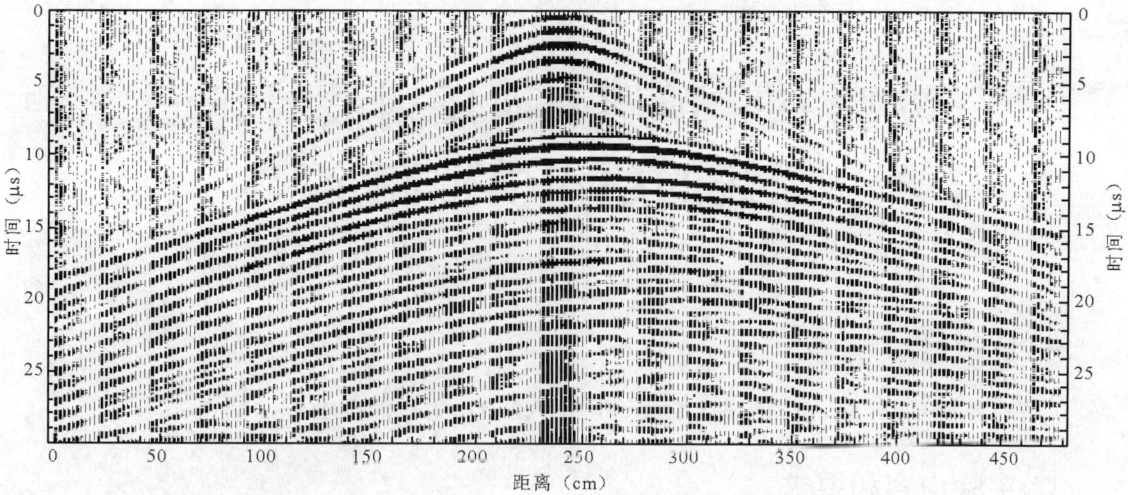

图 2-6　超声地震物理模拟倾斜界面共炮点记录

五、实验报告内容

(1)实验目的及内容。

(2)讨论水平层界面直达波、折射波及反射波时距曲线的特点及相互之间的关系。

(3)对于倾斜平界面,注意上倾激发和下倾激发理论计算公式的差异。

(4)对比模拟记录与理论计算结果,分析误差原因。

附记录表格:共炮点观测

模型形态			激发点位置	
距离 X(cm)	时间 t(μs)			备注
	直达波	折射波	反射波	

实验三　单层介质反射波时距曲线的超声模拟测定

一、实验目的

了解凸界面、凹界面、正断层、逆断层、Flench 模型反射波时距曲线的特点。

二、实验内容和要求

(1)所有界面形态模型都进行观测。

(2)用自激自收观测(激发接收探头位于同一点,两者同时移动 1～2mm 读取反射波旅行时,5 种界面模型均做自激自收观测,有余力者也可试做共炮点观测。

(3)测量模型介质的纵波速度 V_P。理论计算特殊点反射波的旅行时,以指导识别反射波。

(4)自选合适的比例尺,作出所观测波的时距曲线。

三、实验原理

在图 3-1 中,由激发点 F 出发的波到达水平界面 R 的 A 点再返回地面 S 处,波经过此路程所需时间 t 由式(3-1)确定:

$$t=\frac{1}{V}\sqrt{4h^2+x^2} \tag{3-1}$$

式(3-1)是水平界面反射波时距曲线方程。式中:x 是炮间距;h 是界面埋深;V 是波的传播速度。在勘探中 x 和 t 是可以测得的,并可由此作出时距曲线,据式(3-1)可反演出界面的产状。

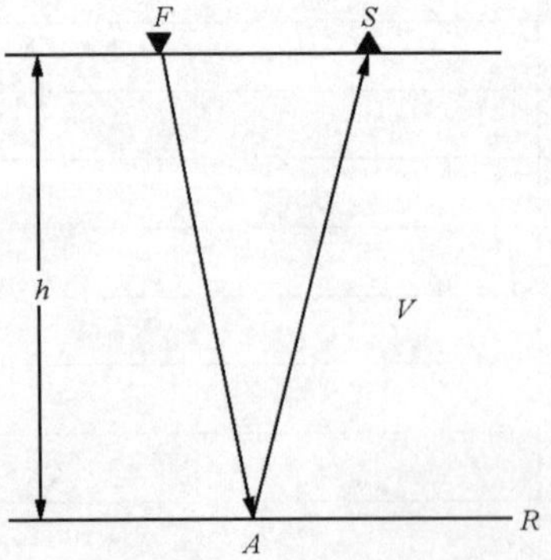

图 3-1　共炮点观测

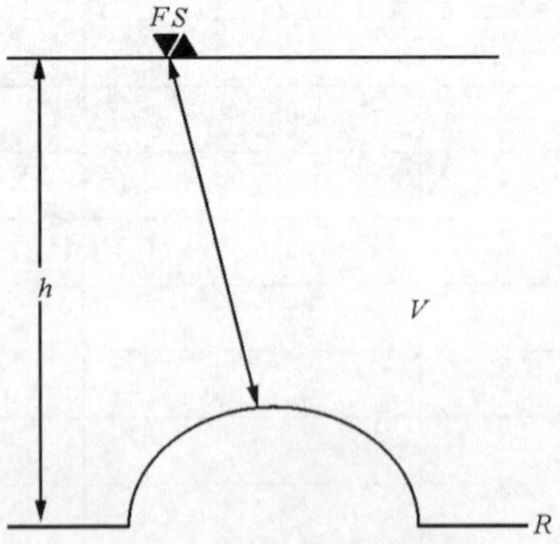

图 3-2　自激自收观测

图 3-2 为反射波的自激自收观测方式。所谓自激自收就是激发接收换能器位于同一点上，两者同时移动，它所接收的是法线反射信息。根据多点观测的结果作出时距关系曲线，在已知介质速度 V 时可得知界面的埋深和形态。

四、实验操作

本次实验使用的仪器为超声地震物理模拟实验系统，仪器操作见附件二；水为上层介质，速度为 1450m/s；下伏介质为有机玻璃板，速度为 2200m/s(可根据实测获得)。

(1)放好模型，定位发射和接收探头位置。按照实验要求用相关材料制作出物理模型，放入水槽或者实验台上，将坐标轴定位到模型需要观测的起始位置，将起始位置点设置为相对坐标原点，按下 设坐标1原点 或 设坐标2原点 设定为坐标原点。模型实例如图 3-3、图 3-5、图 3-7、图 3-9 和图 3-11 所示，图 3-4、图 3-6、图 3-8、图 3-10 和图 3-12 为对应物理模型的数值模拟记录。本次实验超声激发和接收频率为 200kHz，数值模拟的子波频率为 200kHz，介质速度比和物理模拟相似。

(2)量取模型尺寸。用直尺量取模型到水面的距离，量取模型特征点与激发和接收探头的相对位置。

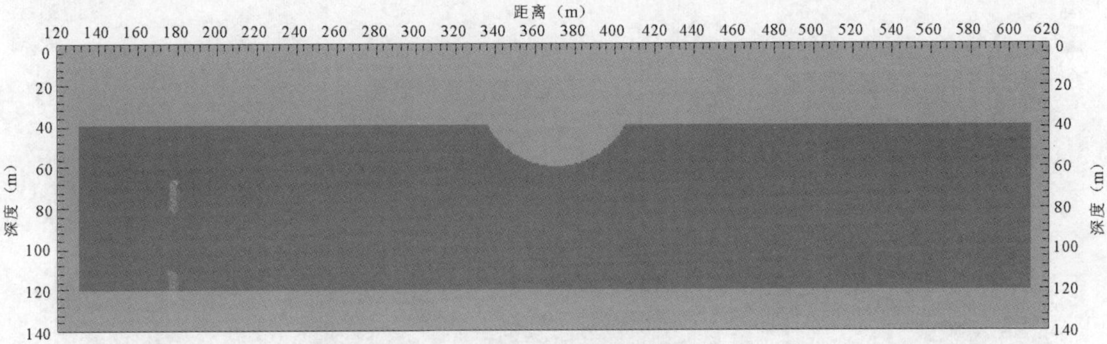

图 3-3　凹界面模型

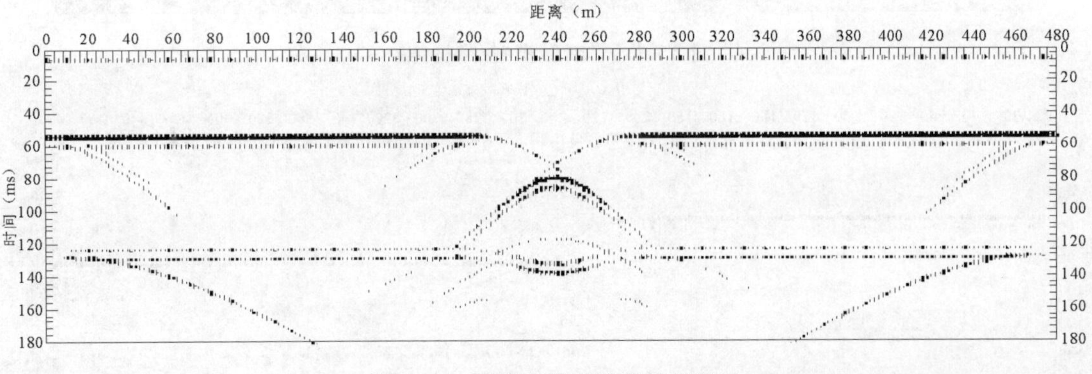

图 3-4　凹界面模型数值模拟记录

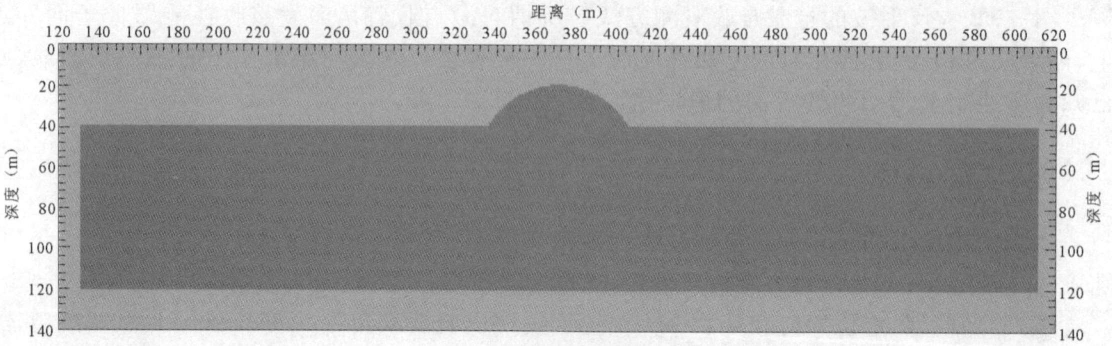

图 3-5　凸界面模型

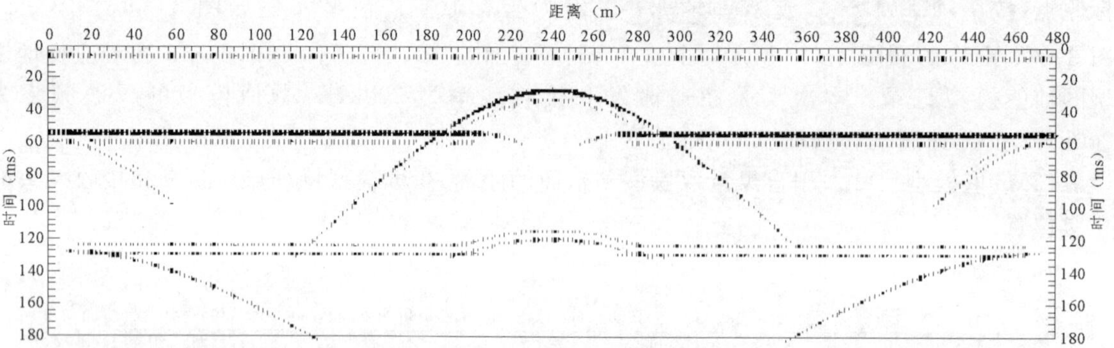

图 3-6　凸界面模型数值模拟记录

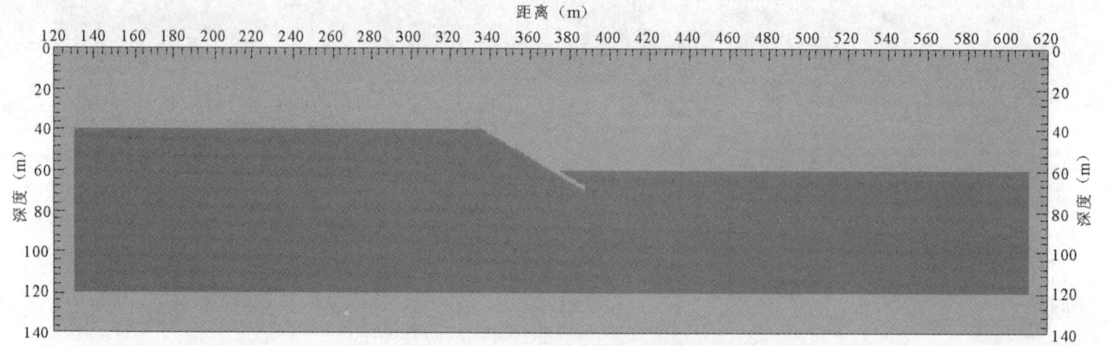

图 3-7　正断层模型(带缝隙)

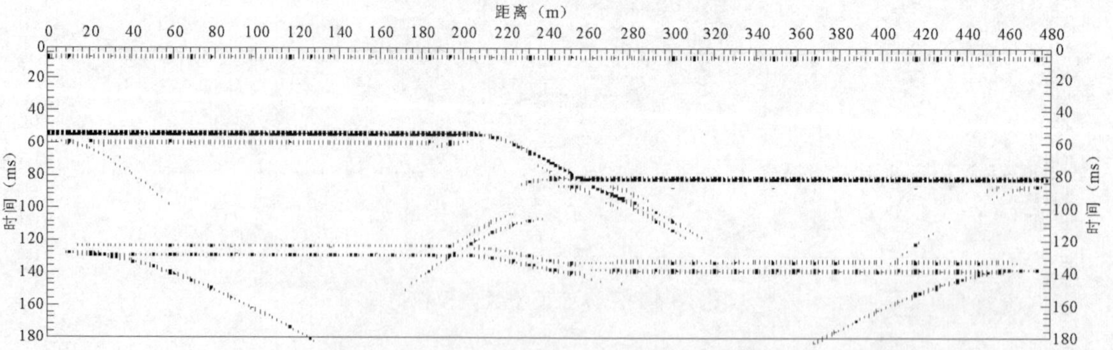

图 3-8　正断层模型(带缝隙)数值模拟记录

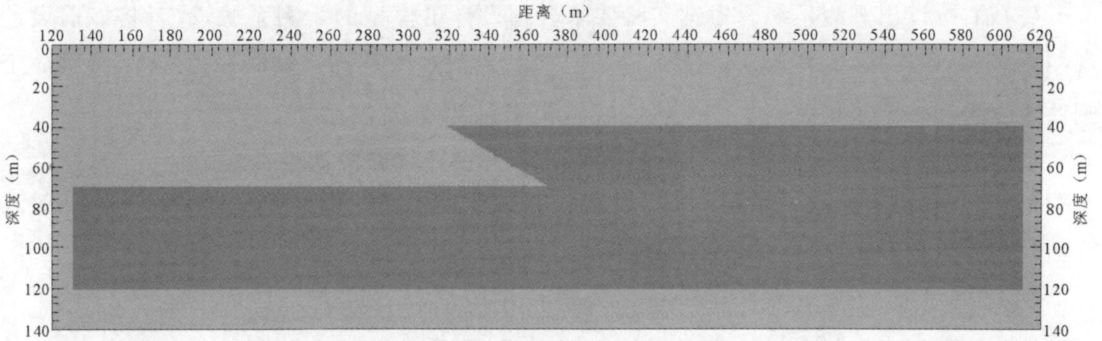

图 3－9　逆断层模型

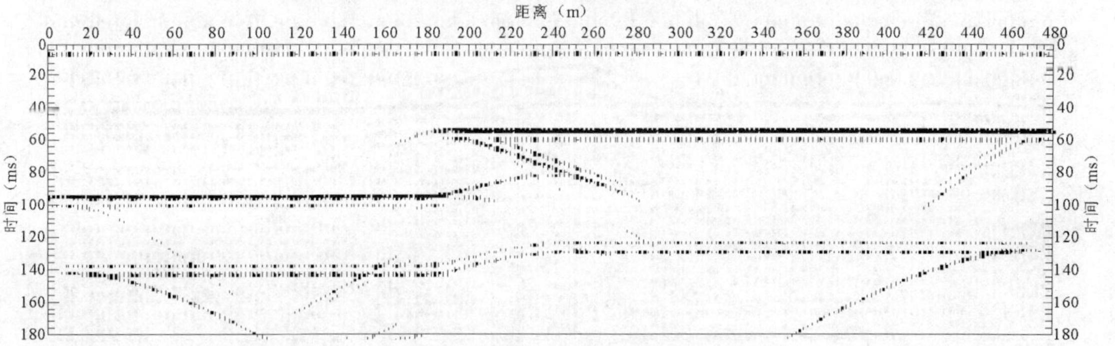

图 3－10　逆断层模型数值模拟记录

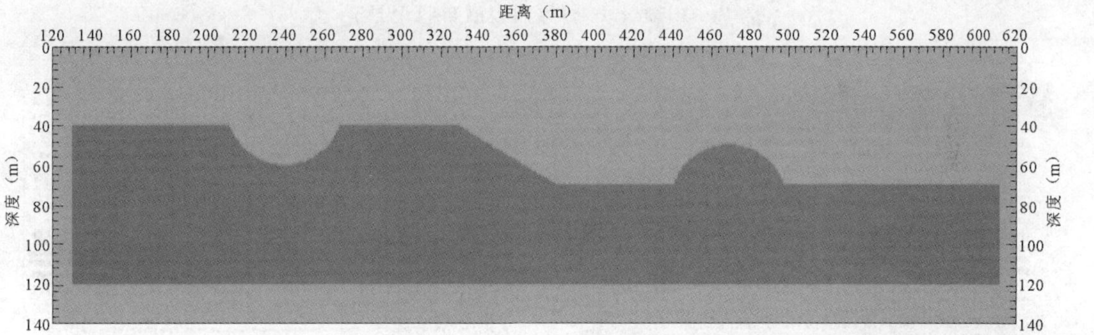

图 3－11　Flench 界面模型

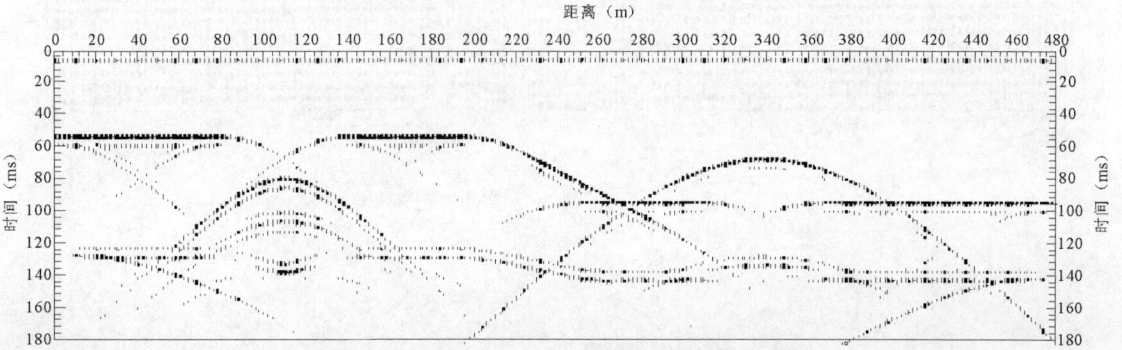

图 3－12　Flench 界面模型数值模拟记录

(3)输入/读出观测系统。根据实验要求合理设计出模型的观测系统，或者将以前设计的观测系统调入，先按 确认 ，再按 写文件 ，将当前观测系统参数保存为文件，得到一个观测系统文件和一个采集数据文件。然后按 读文件 ，读入观测系统。

(4)用超声地震物理模拟实验系统采集数据，并进行数据格式转换。

(5)分别在自激自收记录上识别并读出接收到的反射波。根据实际模型计算出反射波的传播特征并与实测自激自收记录进行对比。自激自收模型记录如图 3－13～图 3－17 所示。

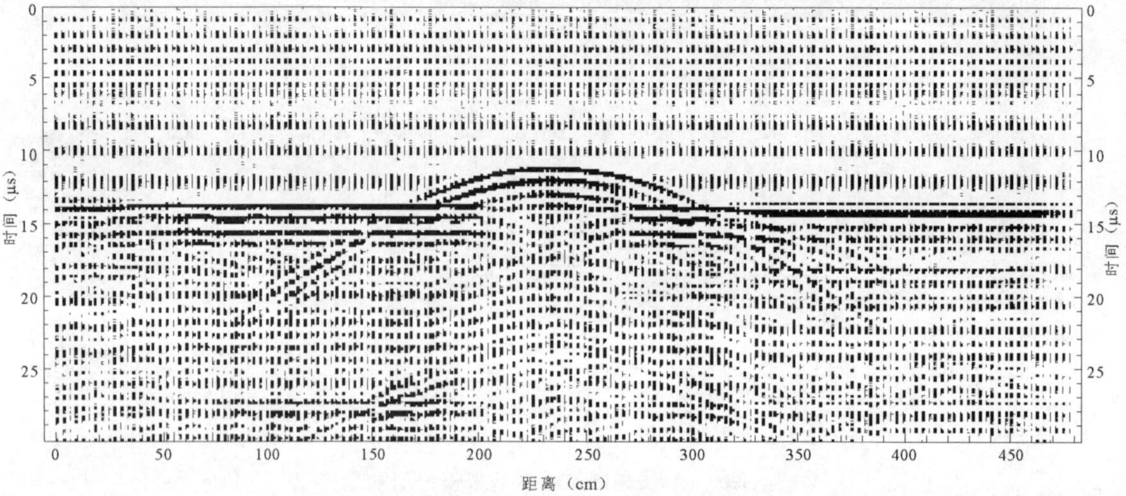

图 3－13　凸界面自激自收记录

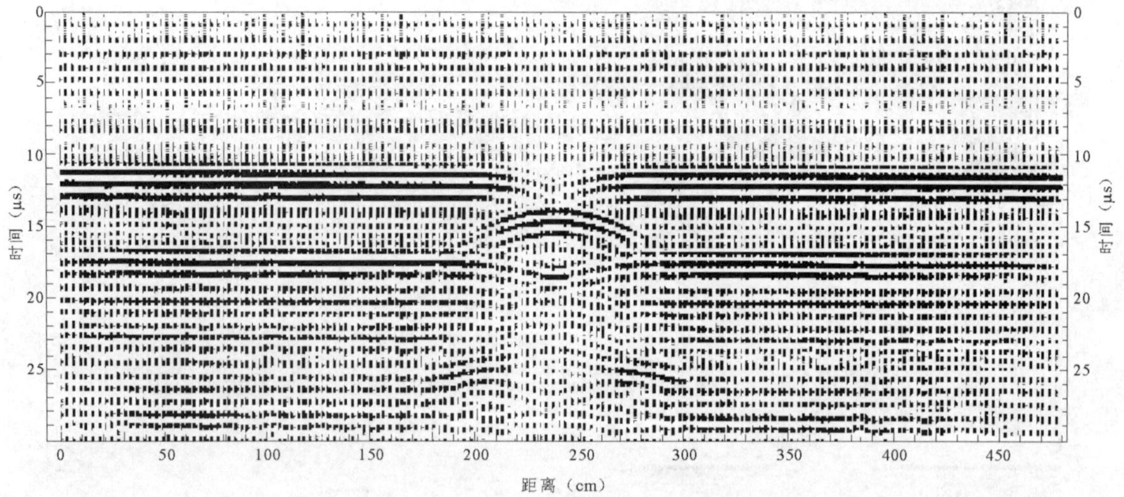

图 3－14　凹界面自激自收记录

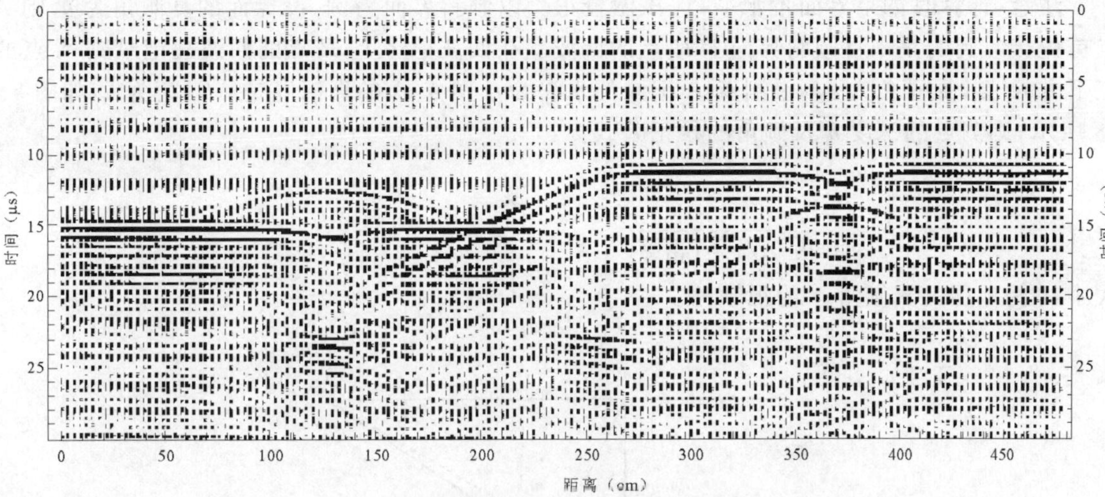

图 3-15　Flench 界面自激自收记录

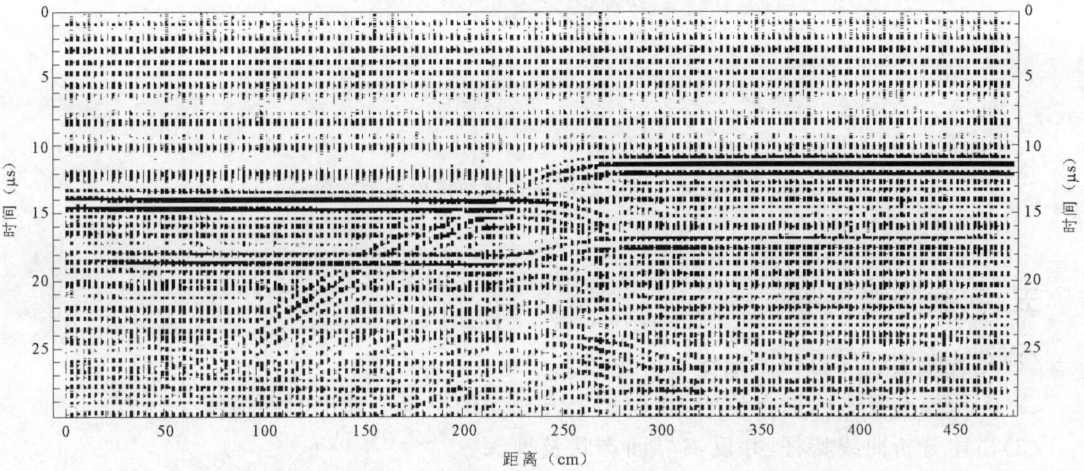

图 3-16　正断层(带缝隙)界面自激自收记录

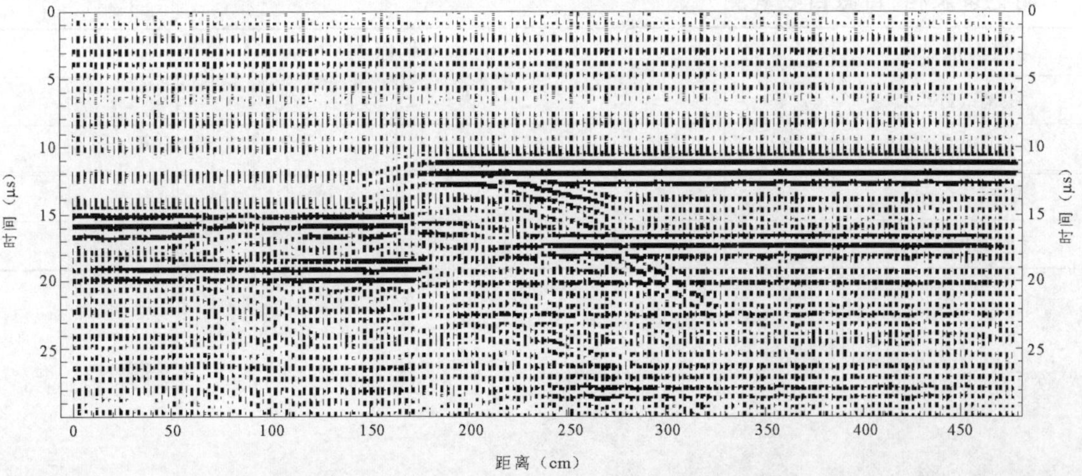

图 3-17　逆断层界面自激自收记录

注意:计算时如果界面不水平,应该做校正。以倾斜界面为例,设界面的真倾角为 θ,则 A 点首先接收到的是来自倾斜界面上 R 点的回波。在回波记录上,R 点的回波被记录到 A 点的正下方 R' 点,视倾角为 ϕ。设测点 A 记录的水深为 r,测点 A 的真深度是 AB,记为 h,如图 3-18 所示,则测点的深度 h 及倾角的校正公式为:

$$\sin\theta = \tan\phi \tag{3-2}$$

$$h = \frac{r}{\cos\theta} = \frac{r}{\sqrt{1-\tan^2\phi}} \tag{3-3}$$

式中:θ 为地层的真倾角;ϕ 为视倾角。

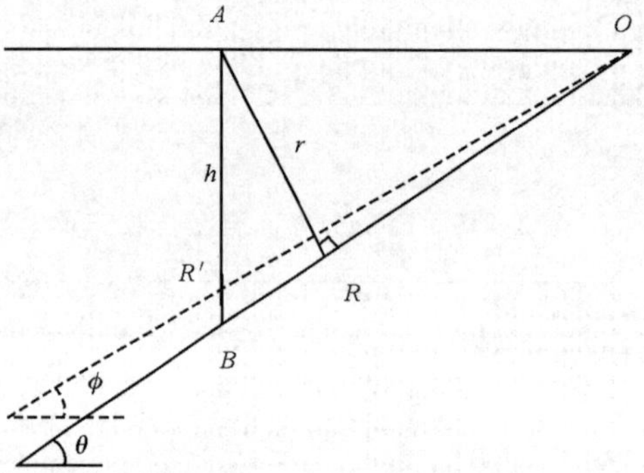

图 3-18　反射波深度及视倾角校正示意图

五、实验报告内容

(1)对所做实验内容和原理作简要论述。

(2)图示模型及坐标原点位置,在模型上方相应的位置上画出时距曲线。

(3)描述分析曲线特征,并反演界面产状及埋深。

附记录表格:自激自收观测

模型形态			坐标原点					
距离 x(cm)								
反射时间 t(μs)								
距离 x(cm)								
反射时间 t(μs)								

实验四　三维观测系统及物理模拟认识实验

一、实验目的

(1)了解三维地震采集方式及观测系统设计。

(2)了解三维地震物理模型的数据采集。

二、仪器设备

(1)地震超声模拟实验系统。

(2)三维物理模型。

三、实验准备

按照实验要求用相关材料制作好物理模型,放入水槽或者实验台上,将坐标轴定位到模型需要观测的起始位置,将起始位置点设置为相对坐标原点,按下 设坐标1原点 或 设坐标2原点 设定为坐标原点。模型实例如图 4-1 所示。

图 4-1　实验用三维模型

四、输入/读出观测系统

根据实验要求合理设计出模型的观测系统,或者将以前设计的观测系统调入,先按确认，再按 写文件 ，将当前观测系统参数保存为文件，得到一个观测系统文件和一个采集数据文件。然后按 读文件 ，读入观测系统(表4-1)。

表4-1 观测系统表示例

观测类型 参数	二维地面观测系统 (单位:0.01mm)	三维地面观测系统 (单位:0.01mm)
束线数	1	1
束线距	0	0
束线测线数	1	4
炮线数	300	80
炮线起始位置	0	0
测线起始位置	0	0
接收道数	48	96
最小炮线检波点距	0	0
炮线距	200	500
炮数/炮线	1	3
炮点间距	0	2000
道间距	100	250
测线距	0	2000
采样点数	8000	8000
采样频率	20	20

注:三维观测时,为方便观测可每次做1束线。

五、模型数据采集

打开以上保存的观测系统文件,观测系统表将在软件显示栏观测系统表内显示,操作员可利用鼠标或键盘任意地选择一个或多个观测系统表条目,选中的观测系统表条目标记为深色,再选择采集按钮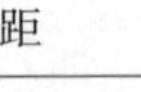,系统按升序检测观测系统表条目。若观测系统表条目被选择,系统根据观测系统表条目序号定位该条目对应的炮记录在地震道数据文件中的位置,并在屏幕上显示,依据观测系统表条目内容定位发射和接收测头,启动采集,存储该炮记录。此过程将实现全自动数据采集。固体采集时必须保证模型水平,以及探头与模型的良好耦合,在数据采集时对模型加适当的压力,逐炮采集。

六、数据后期处理

实验得到的数据是二进制16位short数据格式,可转换为工作站SEG-Y数据格式,调用转换程序 shortTosegy. exe。运行后，根据提示填入正确的参数，如图 4－2 所示，即可转为标准的 SEG－Y 数据。后期的处理解释工作与野外数据一样，完全可以在工作站专业处理软件中进行处理。

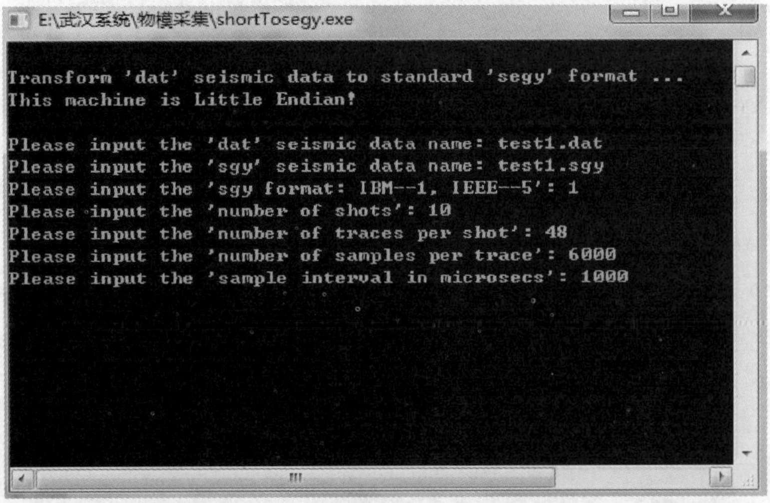

图 4－2　实验数据转存 SEG－Y 格式程序

七、实验报告内容

(1)理解并完成三维观测系统设计。

(2)完成 1 个束线数据采集。

(3)完成 1 条测线的数据转换。

第二部分　野外场地实验

本部分内容在校园或其他较平坦的场地内完成，共 7 个实验内容，包括地震勘探装备认识及一致性检查，野外数据采集及地震波认识，地震映像法野外数据采集，浅层地震多次覆盖野外数据采集，浅层折射波野外数据采集，瞬态瑞雷面波野外数据采集，井间地震波 CT 法野外数据采集。该部分内容从地震装备的认识到仪器的检查出发，通过实验掌握仪器的操作和各种波的传播规律，掌握目前常用的浅层地震的野外数据采集技术。每部分内容安排 4 学时完成，可以根据课堂教学内容选做实验内容。

实验五　地震勘探装备认识及一致性检查

一、实验目的

(1)了解地震勘探装备的基本构成。

(2)认识 Geode 地震仪的主要结构,并学会该类仪器的操作方法。

(3)通过场地采集记录,了解常规仪器性能的指标及方法。

二、实验仪器装备

地震仪 1 台(美国 GEOMETRICS 公司生产的 Geode 地震仪);大线电缆 2 根;100Hz(或 38Hz)检波器 24 个;12V 可充电电池 1 块;触发开关 1 个;50m 以上长导线 1 根;18 磅大锤 1 把;铁板 1 块;皮尺或测绳 1 根;记录本 1 本;仪器检修工具 1 套。

三、仪器及装备组成

地震勘探数据采集是应用人工的方法激发地震波,即由人工炸药爆炸或使用机械敲击地面的方法,从地下介质中激发出各种振动形式的弹性波,并会在地层中传播。当弹性波到达地下地质界面的时候,会引起波的折射或反射。所产生的折射波或反射波到达地面时,引起地面振动,这一振动通常叫作地震有效波,即人为得到的地震波信号;通过专门的仪器测量(接收)和记录地震波,测量地震波的到达时间和振动波形,并记录下来成为野外的地震记录。这个过程称为地震数据采集。

地震勘探装备主要包括数字地震仪、检波器、大线电缆和震源。

1. 数字地震仪

数字地震仪又称为地震数据采集系统。它的任务是将地震检波器输出的地震信号转换成数字形式的信息并记录下来。因此,就原理上来说,主要由前置放大器、模拟滤波器、多路采样开关、增益控制放大器、模数转换器、存储记录(格式编排器、磁带机)、显示系统(回放系统)组成。

(1)前置放大器和模拟滤波器:前置放大器每道 1 个,它的主要作用是在信号离散化之前放大弱信号,有时放大器还要适当地对信号进行限幅。然后是低截止滤波器,用于消除强面波等低频干扰,并防止使第一级过载和引入畸变。另外还有高截止滤波器或去假频滤波器,用于滤除经多路采样开关可能产生假频的高频成分,截止频率为采样频率的 1/4。

(2)多路采样开关:它的功能是根据选定的采样间隔将多道连续信号离散为 1 个时间序列。即按规定的时间间隔依次接通不同的地震道,并将它送到唯一的 1 个输出道。

(3)瞬时浮点增益放大器:瞬时浮点增益放大器简称主放,它的作用是不畸变地放大120dB以上的高动态范围的信号,它具有增益能自动变化、高速、高精度的特点。瞬时浮点增益控制以二进制增益控制方式为基础,后者的增益变化以6dB阶跃跳变,从一个增益变化的瞬间到下一个变化的瞬间放大器的增益保持不变,当放大器输出高于或低于某个规定的水平(记录器的满程电压)时,放大器增益突然变为原来值的1倍或一半。同时用一定位数记录增益值。有了这种记录信息,就能恢复原始信号振幅。瞬时浮点增益控制是在二进制增益控制的基础上发展起来的,对每个输入信号子样可很快地控制增益的变化,来调节放大器对该子样达到合适的增益,增益调节的速度达微秒级,所以可以认为是瞬时实现的。它的增益调节也不限于6dB,最大可达10μs内变化90dB,增益的变化按2的整数次幂跳变,它的增益码与数字技术中的浮点表示法的阶码相对应,故称瞬时浮点增益控制。

(4)模数转换器(A/D):模数转换装置把从放大系统接收到的模拟信号转换成数字形式。一个模数转换装置与许多道输入之间的协调是利用多路采样装置来实现的。

多路采样开关是依次把A/D装置与工作道连接的电子开关。对每一道的连接持续一个短的时间间隔,但这段时间足以使A/D装置读取信号振幅并把它转换为二进制数据,这是由设在多路转换器和A/D装置之间的采样保持器完成的。

(5)记录器:把格式编排装置的输出数据送到记录系统。

(6)数据的显示:地震道震动图形的显示方式也有多种,除了振幅相对于时间的波形显示外,还有变面积显示和变密度显示,以及波形加变面积或变密度显示。

2. 检波器及电缆

地震检波器位于地震记录道的第一环节,它是安置在地面、水中或井下以拾取大地振动的传感器,是一种将地面的机械振动变为电信号的机电转换装置。野外工作中使用的地震检波器主要有3种类型。按照它们的转换原理分为动圈式检波器、动磁式检波器和压电式检波器。动圈式检波器主要用于陆地,其机电转换通过线圈相对磁铁往复运动而实现。线圈及枢纽由一个弹簧系统支撑在永久磁铁的磁极间隙内,组成一个振动系统。当线圈在磁极间隙中运动时线圈切割磁力线,同时在线圈两端产生感应电势,感应电势的大小与线圈切割磁通量的速度成正比,也就是说,与它相对于磁铁的运动速度成正比。因此,动圈式检波器也称为速度检波器。固有频率、阻尼系数、灵敏度是地震检波器的重要参数,它们分别与检波器弹簧的弹性系数、惯性体的质量、内阻及负载阻抗、机电耦合系数、摩擦系数等有关,一个合格的检波器的这些参数应与出厂时的标定值相符,实际工作中必须测定这些参数,以便确定检波器是否具有使用价值。

地震检波器的安置对地震记录有相当大的影响,安置不好,会使记录质量降低或变得复杂。

检波器安置的位置力求远离机械的或电磁的振动源。例如来自风的影响,车辆、高压线、动力装置等引起的干扰振动。检波器与地面接触,构成检波器-土壤的振动系统,它对地震波起滤波作用,产生相位移,甚至可能引起谐振现象。为了避免这些现象,首先要保证检波器与土壤紧密接触,最好将检波器安放在0.2m左右的浅坑中,插直埋紧,以防止表面松土对高频成分的吸收,并减小微震影响,更重要的是组成阻尼较好的振动系统。

电缆主要有多次覆盖电缆、折射电缆和加长线等,用来把检波器和地震仪主机连接起来,把检波器接收的信号送入地震仪主机。

3. 地震波的激发

地震勘探利用人工激发地震波，在不同的条件下地震波的激发有多种方式。

(1)炸药震源激发。地震勘探工作中通常采用炸药爆炸的办法作为激发源，这种方式较易获得足够的能量。在均匀介质中爆炸时近似于中心对称的膨胀型震源，主要产生纵波。炸药量影响地震脉冲的强度和形状，当炸药量较小时，地震脉冲振幅与炸药量成正比关系；当炸药量增大到一定程度后，炸药量与震动振幅之间呈非线性关系，震动振幅的增加会小于炸药量的增加。大炸药量激发时产生的波频率低，视周期大。

缺点：钻炮井和使用炸药所需费用较大；在缺水或钻井困难地区难以工作；工业区和人口稠密区或海上渔业区都不宜使用炸药；保管和使用都不安全等。

(2)非炸药震源激发。主要使用落重法或敲击法震源，把重物吊至高处，然后让它自由或加速下落撞击地面而产生地震波。这种撞击也产生强大的面波，做反射波法时，为了避开面波干扰，要采用大的偏移距。在工程地震勘探中，经常使用大锤锤击激发，该法激发能量较弱，一般需要进行垂直叠加方式来获取有用信号。

四、实验步骤

本实验在泥土地面上进行。用于接收地震波的检波器，必须要保证它们的工作情况良好，检波器出了问题，所有的数据都是作废的数据。因此在野外施工之前，必须要检查它们的工作性能，检查每个检波器是否都处于正常工作状态。

1. 检波器一致性检查

选定地表平坦、相对致密的地面，土壤介质比较均匀的地段，将检波器按环形或阵列(4×6、2×12等)排列插入地面，检波器之间距离要尽量小，如图 5-1 所示。

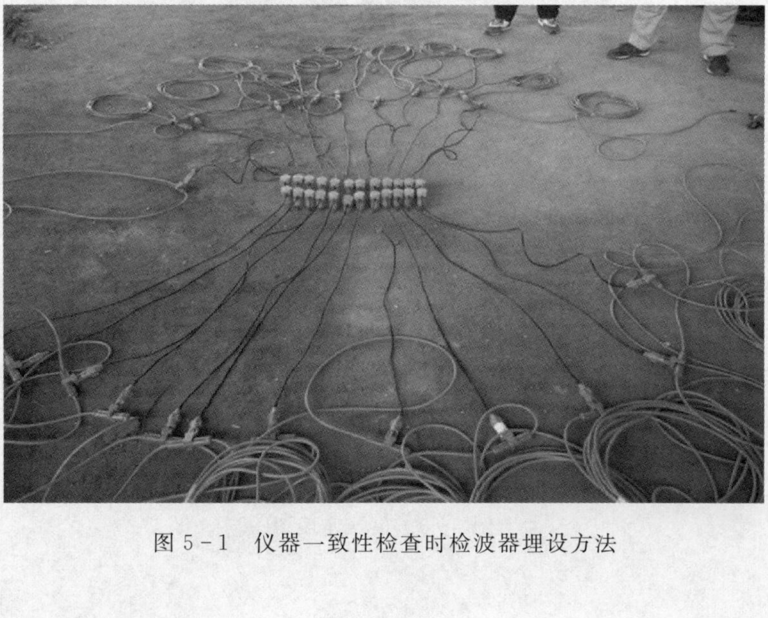

图 5-1　仪器一致性检查时检波器埋设方法

注意：检波器非常灵敏，必须轻拿轻放，以避免强震动；另外在埋置检波器时，应将杂草或腐殖土铲除，挖一个小坑，检波器要垂直插入土壤中，如检波点位上土质较松，应踩实后再插入检波器。检波器应插直埋紧，用手将检波器按顺时针拧紧，不准用地质锤敲击或用脚踩检波器。

2. 系统连接

将地震仪主机、电缆、检波器、触发线以及12V直流电池等按如图5-2和图5-3所示的方式连接在一起。

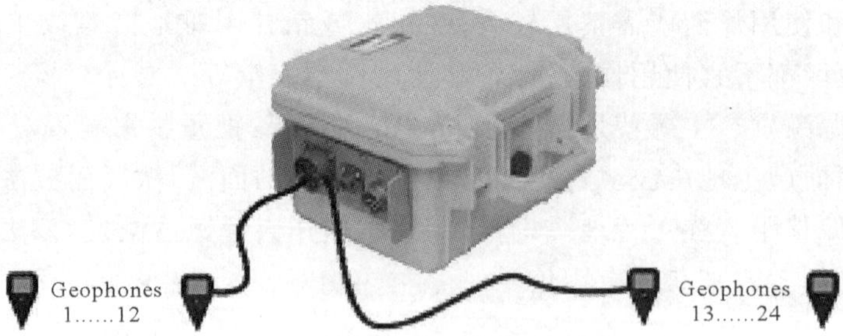

图5-2　仪器连接示意图

图5-3　仪器连接图

注意：电池的正、负极不能接错；连接电缆（大线电缆）接头必须对准主机标准输入接口，仔细观察（里面有个小凸槽和小凹槽），大线电缆连接时橙色接前缆，即前 12 道；蓝色接后缆，即后 12 道。电源输入接口和触发信号输入接口的连接也是同样的道理。

3. 采集参数设置

在系统连接准确无误后，打开控制盒电源，在计算机上运行桌面快捷方式 

图标，出现如图 5－4 所示的主操作界面（仪器操作完整说明见附件三，本次实验仅对所用主要操作简述）。

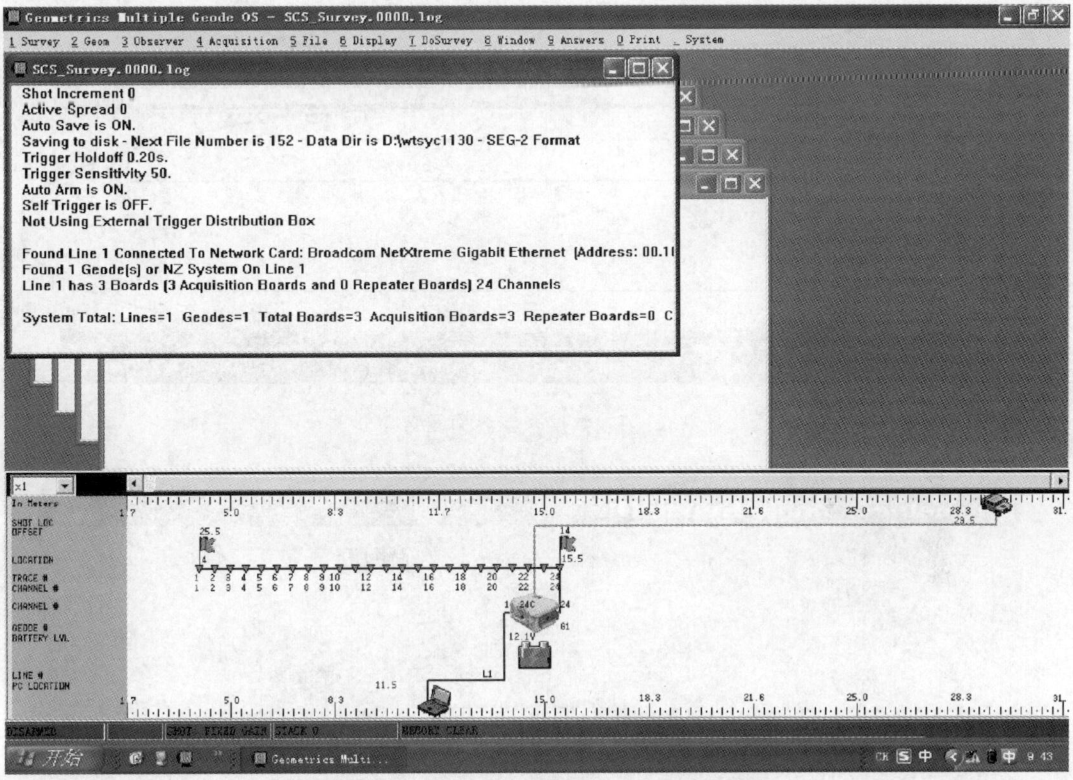

图 5－4　Geode 地震仪主操作界面菜单

按数字键 5 进入采集参数设置菜单（图 5－5）。

该界面主要有 3 个分区（图 5－5），图中 1 区为菜单功能区，2 区为采集波形显示区，3 区为仪器状态显示区。本次实验所用主要菜单功能简述如下。

（1）点击 Acquisition（采集参数设置），弹出如图 5－6 所示的窗口，设置以下参数。

①Sample Interval /Record Length：采样率/记录长度设置。

Sample Interval：采样率。建议选取 0.25ms。

Record Length：记录长度。建议选取 0.6s。

Delay：记录延迟。建议选取 0s。

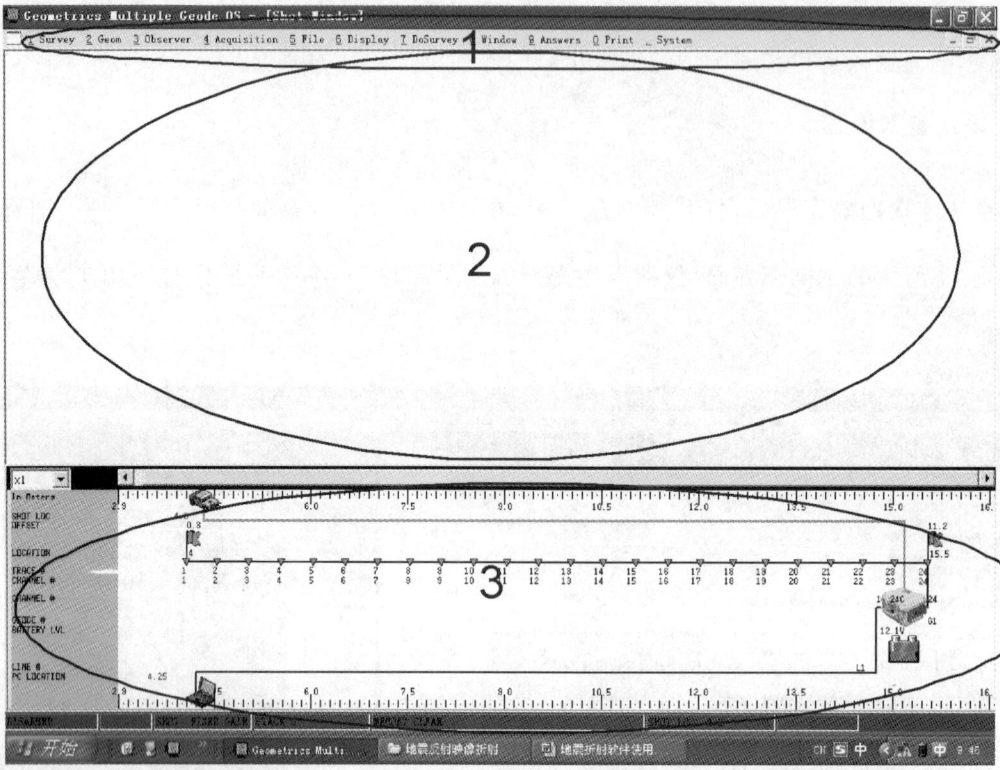

图 5-5 数据采集界面及菜单

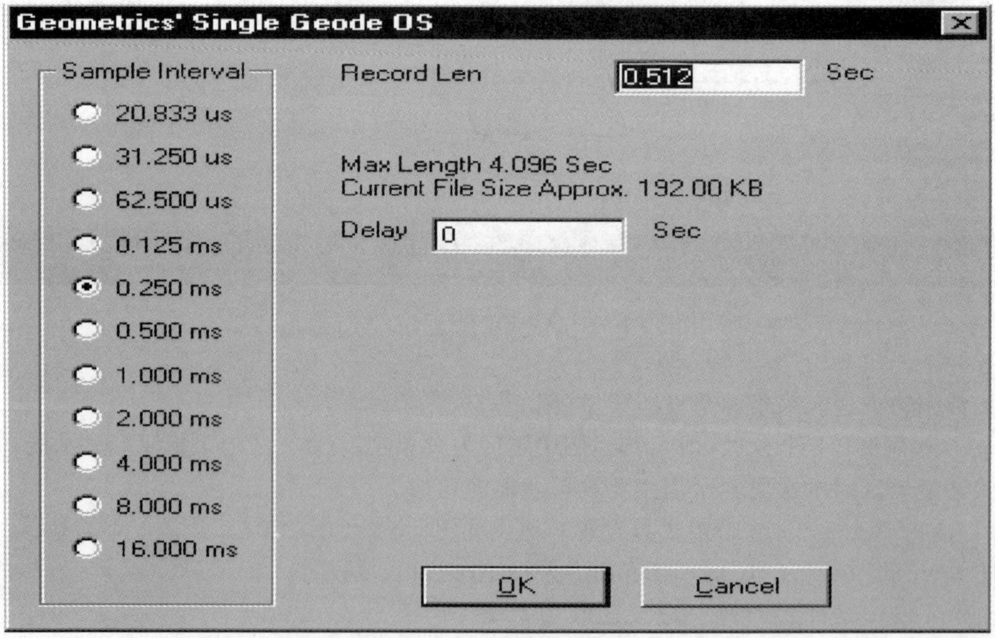

图 5-6 采集参数设置窗口

②Acquisition Filter:采集滤波。仪器有两个滤波器,可选择低切、高切、陷波滤波器,滤波器陡度－24dB/倍频程,也可两个滤波器选择相同频率,则陡度增加1倍(－48dB/倍频程)(图5-7)。建议选取Filter Out,即选用全通。

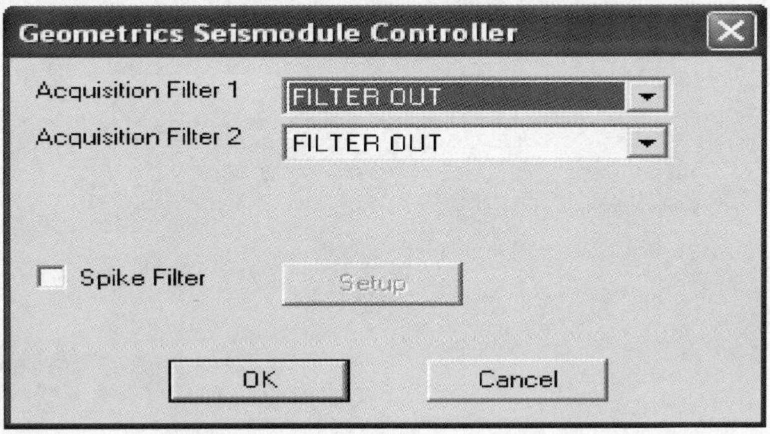

图5-7　采集参数设置窗口

③Stack Option:叠加方式选择(图5-8)。

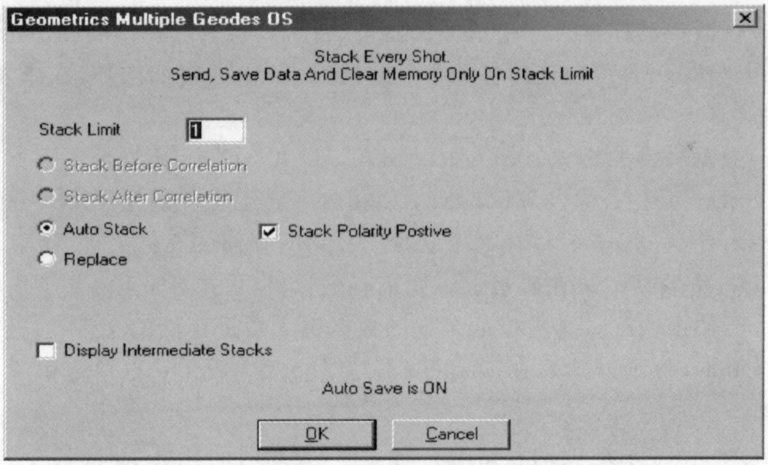

图5-8　采集参数设置窗口

Stack Limit:设置叠加次数。建议根据实际试验选取3～5次。

Auto Stack:自动叠加。仪器自动将地震数据叠加到上次(相同炮点)的数据中,以提高信噪比。

Replace:替换。地震数据将替换原有内存中的数据(不进行数据叠加),在采用炸药震源时,多采用此方式。

Stack Polarity Postive:极性反转。可更换所有道的信号极性,如初至首波正跳或负跳。

(2)点击File(文件管理),弹出如图5-9所示的窗口,在菜单File窗口下完成如下功能。

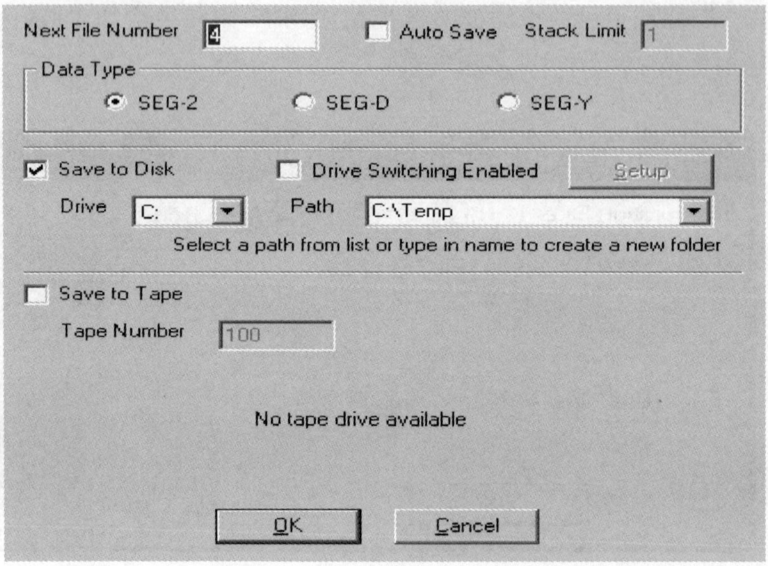

图 5-9 文件管理设置窗口

①Storage Parameters:存储参数。

Next File Number:下一个地震记录的文件号。

Auto Save:仪器自动存盘。如果选择仪器自动存盘,就应选择该功能。

Stack Limit:叠加次数。在选择自动存盘的情况下,输入叠加次数,在激发达到输入的次数后,仪器自动存盘。

Data Type:数据文件的格式。SEG-2、SEG-D 和 SEG-Y 均为国际标准地震格式,其中 SEG-D 和 SED-Y 在石油及煤田勘探中使用较多。工程一般使用 SEG-2。

Save to Disk:存盘。Drive:存在哪个硬盘上;Path:存储的文件夹。

Save to Tape:将数据记录在磁带上。如果有磁带机,可选择此项。

②Read Disk:数据回放。查看以前采集的数据进入数据存储的文件夹,选择文件。

(3)点击 Display(显示方式),在 Display 下拉 Shot Parameters(单炮记录显示参数)菜单下完成如下功能。

Display Boundry:显示地震的起始道和终了道、起始时间和终了时间。

Gain Style:增益设置。

Fix Gain:固定增益。

AGC:自动增益控制。在设置自动增益控制时,需要输入 AGC 窗口,此窗口将提供 AGC 增益计算调整的窗口。

Normalize:归一化的显示方式。

Trace Style:调整显示方式。

Variable Area:变面积显示方式。波性正向涂黑(图 5-10)。

Wiggle Trace:波形以轨迹方式显示。此方式目前较少使用。

Shaded Area:阴影显示方式。此显示方式使用较少。

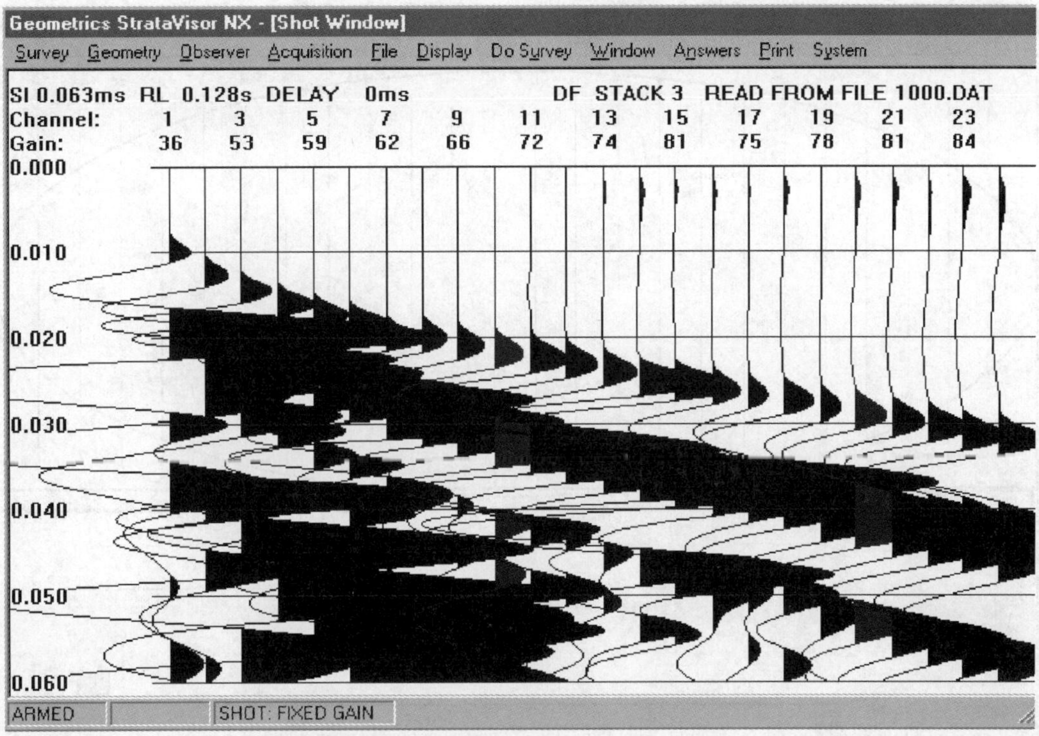

图 5-10　波形加变面积显示方式图

Display Gain：显示增益设置。显示增益调整有 3 种方式：

Auto Scale Traces：自动调整幅度。

Adjust All：调整所有的道。手动调整所有道的幅度，如图 5-11 所示。上箭头增加，下箭头减少，每次 3dB。

Individual：分别调整每道的幅度。如图 5-12 所示，上下箭头增加或减少幅度，左右箭头改变道数。

图 5-11　手动调整所有道幅度图标

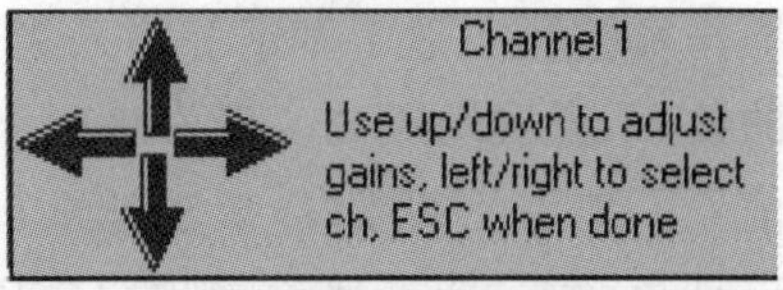

图 5-12　分别调整每道幅度图标

4. 噪声检测

为了了解整个采集系统的布设状况，按数字键 4 进入噪声检测窗口（图 5-13），可以通过噪声窗口中每道的噪声水平观察场地噪声情况及检波器埋设情况。

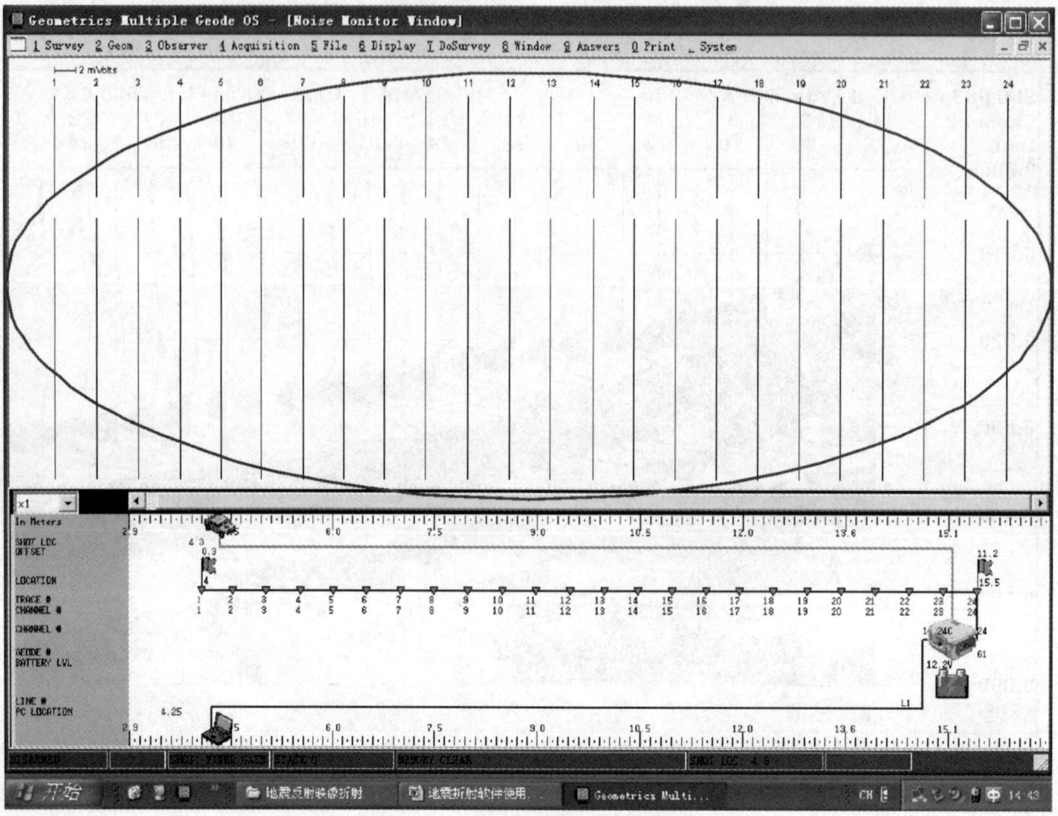

图 5-13　噪声检测窗口

5. 数据采集

在采集系统正常工作后，按数字键 5 进入采集窗口(图 5-5)。同时炮点设置在离检波器 10m 以上的距离，锤击员将铁板(或称锤垫)置于预先铲平的点位上，然后检查触发线连接是否符合规定要求，等待仪器操作员的口令。

仪器操作员按数字键 1 显示等待采集，锤击员在得到仪器操作员的口令后，猛烈锤击置于激发点处的铁板，激发地震波。激发地震波时，要求布设电缆及检波器的人员不要走动，以免引起干扰信号。地震波的激发，要求锤击员用 18 磅大锤猛击铁板，激发后，仪器操作员查看屏幕上的数据是否满意，若不满意，则按 CLR 键重新激发；若满意，则可进行数据叠加，直至达到满意的叠加次数。如果选择自动存盘，仪器将自动记录采集的数据文件。

同时记录员在记录本上记录文件号、测点位置等情况。注意填写好实验班报记录。班报记录包括工程名称、测线号、工作方法、仪器型号、记录编号、文件号以及各种参数选择、工作日期等。

6. 仪器一致性评判

把采集的记录，调整显示增益，使每一道的显示增益都相同(显示增益为 36～40dB)，观察并输出采集地震数据(图 5 - 14)。要求:①采集地震系统的极性(包括仪器:地震电缆、检波器串),每一道极性相同(记录初至下跳);②波到达的相位相同,应没有延迟或者延迟到达时间一致;③波形相似,振幅相同;④没有坏道。

若不满足要求,应该更换一个备用检波器或大线或仪器,再次重新采集,直到符合要求为止。

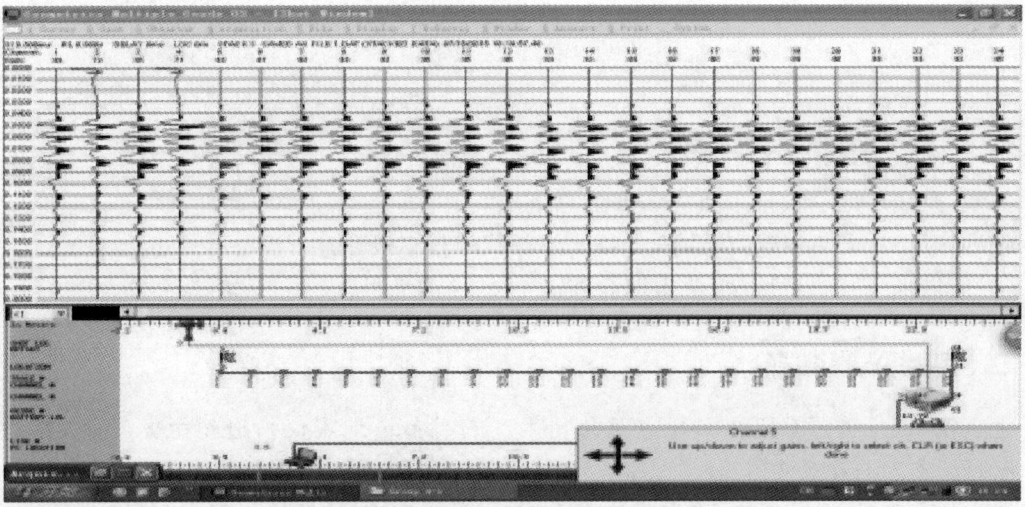

图 5 - 14　地震采集系统一致性检查结果

五、实验报告内容

(1)实验目的、实验内容和实验器材。

(2)大致的实验步骤及实验结果与分析。

实验六　野外数据采集及地震波认识

一、实验目的

(1)学会 Geode 地震仪的操作。

(2)掌握浅层地震数据采集方法及注意事项。

(3)通过场地采集共炮点记录,了解采集参数的基本概念。

(4)通过采集共炮点记录,认识地震波。

二、实验仪器装备

地震仪 1 台(美国 GEOMETRICS 公司生产的 Geode 地震仪);道间距 2m 的大线电缆 2 根;100Hz(或 38Hz)检波器 24 个;12V 可充电电池 1 块;触发开关 1 个;50m 以上长导线 1 根;18 磅大锤 1 把;铁板 1 块;皮尺或测绳 1 根;记录本 1 本;仪器检修工具 1 套。

三、实验步骤

本实验在泥土地面上进行,测线方向为东西向,道间距为 1～2m,偏移距为 0～10m。

1. 测线布置及检波器埋置

用罗盘定向,皮尺或测绳量距布置地震测线,测线长度为 23m 或 46m。按 1m 或 2m 道间距埋置 24 个检波器,记下检波器的位置和炮点相对第一个检波器的距离(偏移距)。

2. 系统连接

将地震仪主机、电缆、检波器、触发线以及 12V 直流电池等按如图 6－1～图 6－4 所示方式连接在一起。

图 6－1　仪器连接示意图

图 6－2　仪器连接图

图 6－3　检波器连接图

图 6－4　震源连接图

3. 采集参数设置

在系统连接准确无误后，打开控制盒电源，在计算机上运行桌面快捷方式 

图标，启动完成后，按数字键 5 出现如图 6－5 所示的主操作界面菜单（仪器操作完整说明见附件三，本次实验仅对所用主要操作简述）。

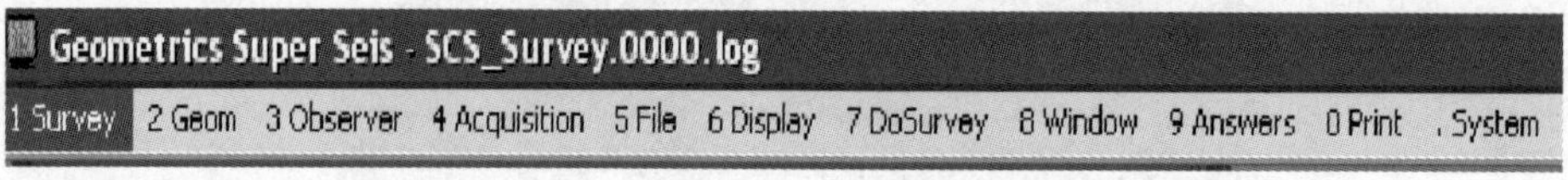

图 6－5　主操作界面菜单

(1)点击 Geom 菜单，完成如下功能。

①Survey Mode：选择 Reflection。

②Geophone Interval：检波器道间距按实际布置的间距输入 1m 或 2m。

③Group/Shot Locations：检波器/炮点桩号设置（图 6－6）。

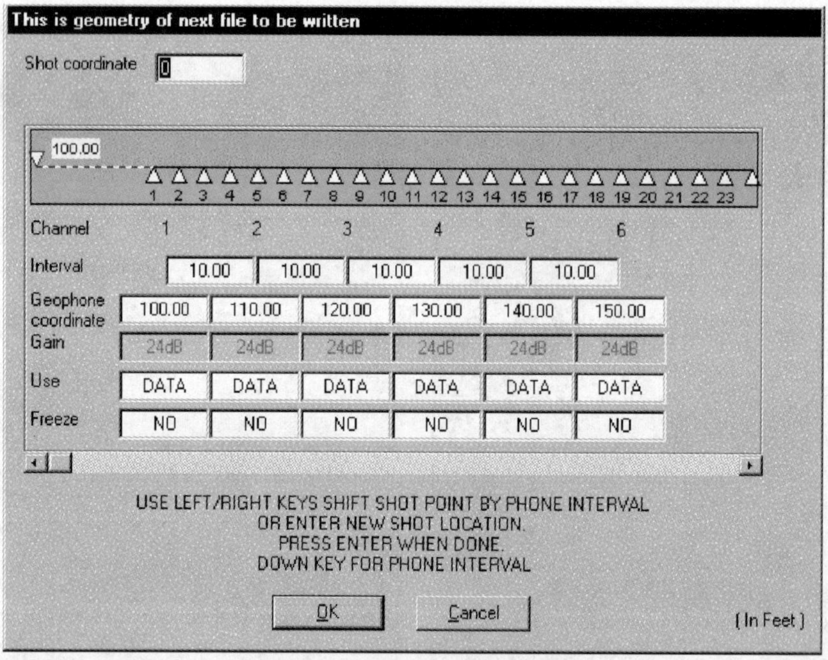

图 6－6　排列参数设置窗口图

Shot Coordinate：按实际测线位置输入炮点桩号。

Interval：输入道间距（如果道间距不等的话）。

Geophone Coordinate：检波器桩号，按实际测线位置输入。

Gain：前放增益（另有菜单设置，见采集菜单）。

Use:地震道使用情况(可在采集菜单设置)。1～24 道均设置为 DATA。

Freeze:道冻结。所有道均选择 NO。

排列参数设置完成后会显示排列方式:触发位置(炮点桩号)、显示激活采集道和不采集道(图 6－7)。

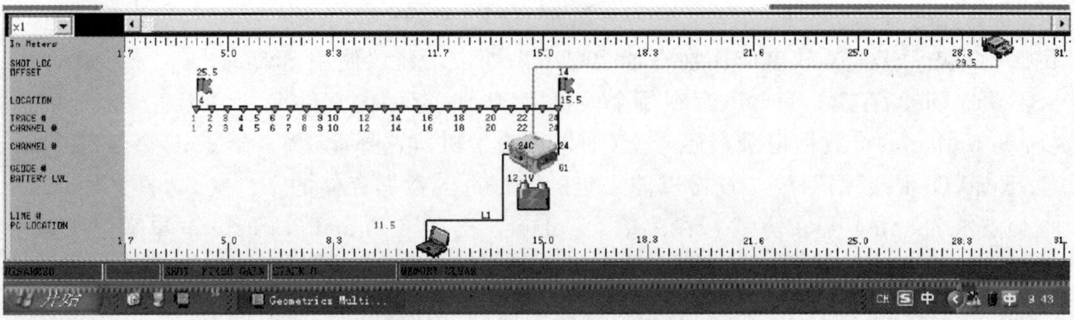

图 6－7 排列设置显示窗口图

(2)点击 Acquisition(采集参数设置),在菜单 Acquisition 窗口下完成如下功能。

①Sample Interval /Record Length:采样率/记录长度设置。

Sample Interval:采样率。建议选取 0.25ms。

Record Length:记录长度。建议选取 1s。

Delay:记录延迟。建议选取 0s。

②Acquisition Filter:采集滤波器。建议选取 Filter Out,即选用全通。

③Stack Option:叠加方式选择。

Stack Limit:叠加限制(叠加次数)。建议根据实际试验选取 3～5 次。

Auto Stack:自动叠加。(选取)

Replace:替换。(选取)

(3)点击 File(文件管理),弹出如图 6－8 所示窗口,在菜单 File 窗口下完成如下功能。

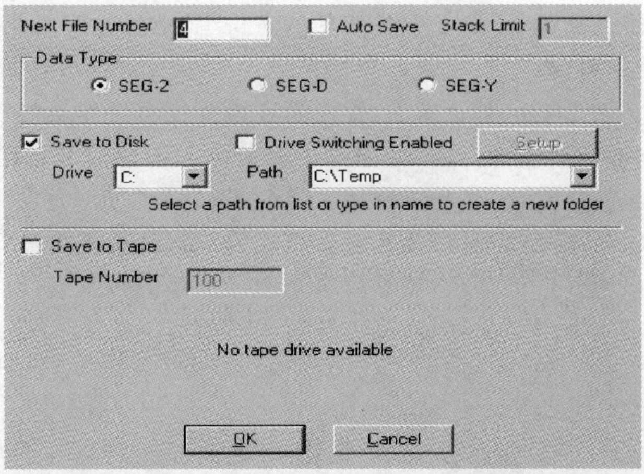

图 6－8 文件管理设置窗口图

①Storage Parameters：存储参数。

Next File Number：下一个地震记录的文件号。

Auto Save：自动存盘。如果需要仪器自动存盘，建议选择此项。

Stack Limit：在选择自动存盘的情况下，输入叠加次数，在激发达到输入的次数后，仪器自动存盘。

Data Type：数据文件的格式。SEG－2、SEG－D 和 SEG－Y 均为国际标准地震格式，其中 SEG－D 和 SED－Y 较多应用在石油及煤田勘探中。建议使用 SEG－2。

Save to Disk：存盘。Drive：存在哪个硬盘上；Path：存储的文件夹。

Save to Tape：将数据记录在磁带上(如果有磁带机)，选择此项。

②Read Disk：数据回放。查看以前采集的数据进入数据存储的文件夹，选择文件。

(4)点击 Display(显示方式)，在菜单 Display 下拉菜单 Shot Parameters(单炮记录显示参数)下完成如下功能。

Display Boundry：显示地震的起始道和终了道、起始时间和终了时间。

Gain Style：增益设置。

Fix Gain：固定增益。

AGC：自动增益控制。在设置自动增益控制时，需要输入 AGC 窗口，此窗口将提供 AGC 增益计算调整。

Normalize：归一化的显示方式。

Trace Style：调整显示方式。

Variable Area：变面积显示方式(建议使用此方式)。

4. 噪声检测

为了了解整个采集系统的布设状况，按数字键 4 进入噪声检测窗口，可以通过噪声窗口中每道的噪声水平观察场地噪声情况及检波器埋设情况。

5. 数据采集

在采集系统正常工作后，按数字键 5 进入采集窗口。同时炮点设置在离第 1 道检波器 0m 的距离，锤击员将铁板(或称锤垫)置于预先铲平的点位上，然后检查触发线连接是否符合规定要求，等待仪器操作员的口令。

仪器操作员按数字键 1 显示等待采集，锤击员在得到仪器操作员的口令后，猛烈锤击置于激发点处的铁板，激发地震波。激发地震波时，要求布设电缆及检波器的人员不要走动，以免引起干扰信号。地震波的激发，要求锤击员用 18 磅大锤猛击铁板，激发后，仪器操作员查看屏幕上的数据是否满意，若不满意，则按 CLR 键重新激发；若满意，则可进行数据叠加，直至达到满意的叠加次数。如果选择自动存盘，仪器将自动记录采集的数据文件。

同时记录员在记录本上记录文件号、测点位置等情况作为班报。注意填写好实验班报记录。班报记录应包括工程名称、测线号、工作方法、仪器型号、记录编号、文件号以及各种参数选择、工作日期等。

6. 地震波的认识

把采集的共炮点记录，调整显示增益，观察并输出采集地震数据(图 6-9)。要求：①采集的共炮点记录无坏道，信噪比高；②认识直达波、折射波和面波的特征。

可以分小组轮换进行数据采集工作。

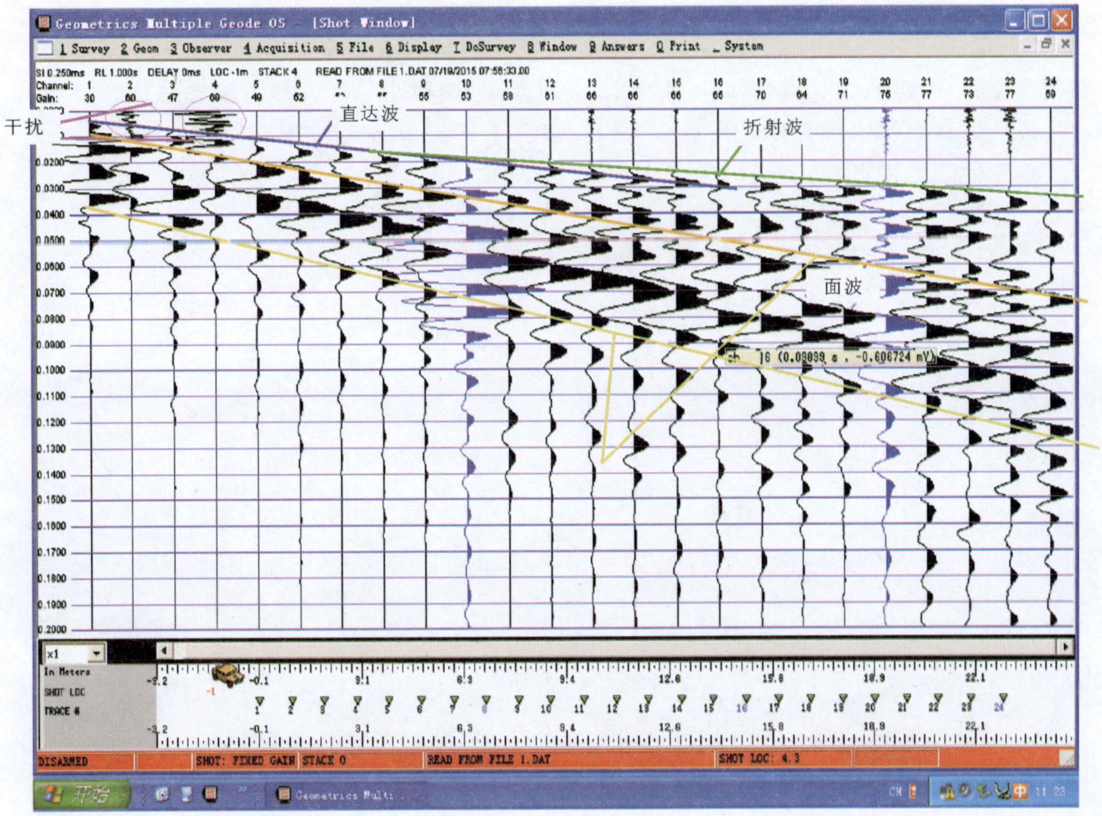

图 6-9　共炮点记录

四、操作步骤及注意事项

(1)每个 Geode 用数传线按规定串联，通过数传盒与笔记本电脑的 USB 口连接。

(2)每个 Geode 接上 12V 电源。

(3)触发开关接到与笔记本相连的第一个 Geode 上。

(4)数传盒上的开关置于 POWER UP 处。

(5)采集控制程序，并按工作需要设置好各项参数，然后进行正常数据采集工作。

(6)退出采集控制程序之前，应将数传盒上的开关置于 POWER DOWN 处。

(7)卸下各连接线并清理整齐。

(8)注意：在正常工作过程中，移动数传线与 Geode 的连接头时，必须退出采集控制程序。另外 Y 型头上有红色标记的与 Geode 的前 12 道相连接。而且采集控制软件运行的计算机语言环境必须是英语(美国)。

五、实验报告编写内容

(1)实验目的。

(2)实验内容。

六、思考题

(1)观测系统(道距、偏移距、排列长度、排列方向、炮检距、炮间距)的概念是什么?

(2)采集参数(采样间隔、采样点数、采样长度、文件记录格式)的概念是什么?

(3)各种波的特点。

实验七　地震映像法野外数据采集

一、实验目的

通过本次实验了解和掌握地震映像法野外数据采集的工作原理及方法。

二、实验要求

(1)要求实验前了解野外工作的注意事项,做到理论清楚、心中有数。

(2)每一个环节都应参加。

(3)编写实验报告。

三、设备

地震仪1台;道间距2m的大线电缆2根;100Hz(大于38Hz)检波器24个;12V可充电电池1块;触发开关1个;50m以上长导线1根;18磅大锤1把;铁板1块;皮尺或测绳1根;地质锤2把;野外记录本1本;仪器检修工具1套。

四、原理及装置

地震映像法又称地震共偏移距法,是以相同的小偏移距逐步移动测点来接收地震信号,在地面或水面对地下目标体进行连续扫描,利用多种地震波信息来探测地下介质变化的浅层地震勘探方法。在地震映像测量过程中,一般采用单点激发,单个检波器进行,接收仪器记录,激发点和接收点同时向前移动一定的距离(称为点距)。重复上述过程,可获得一条地震映像时间剖面。地震映像法的主要特点是可以利用反射波、折射波、面波等多种弹性波作为有效波来进行探测,也可以根据探测目的要求仅采用一种特定的地震波作为有效波。它的优点是数据处理简单,不需做动校正(当偏移距为零时),因此,不存在由于动校正造成的波形拉伸畸变或近地表广角反射引起的畸变。目前主要用反射波作为有效波,由于它的炮检距小,激发点和接收点之间的反射波近似垂直,类似于自激自收,因而采集到的数据信噪比高,且测量点设在激发和接收距离的中点,该点正反映了偏移距范围内的地下岩层、岩性的变化,由于每个记录道都采用了相同的偏移距,可利用专门的地震资料处理软件进行全面分析、处理和计算,得到地震时间剖面。当地层连续时,地震时间剖面表现为反射波同相轴连续,反射振幅强;当地层缺失时,地震时间剖面表现为局部反射波同相轴不连续、能量弱,甚至出现“空白”。它的原理如图7-1所示。

地震映像法在野外工作中,通常是在最佳窗口内选择一个最佳公共偏移距,使有效一次反射波和干扰波(主要是面波和直达波)在时间域分离,然后移动震源,保持所选定的偏移距进行单道接收。由于是在最佳窗口内选择的公共偏移距，因此不受振幅和相位变化的影响，所以对现场资料就可以做初步的解释分析。

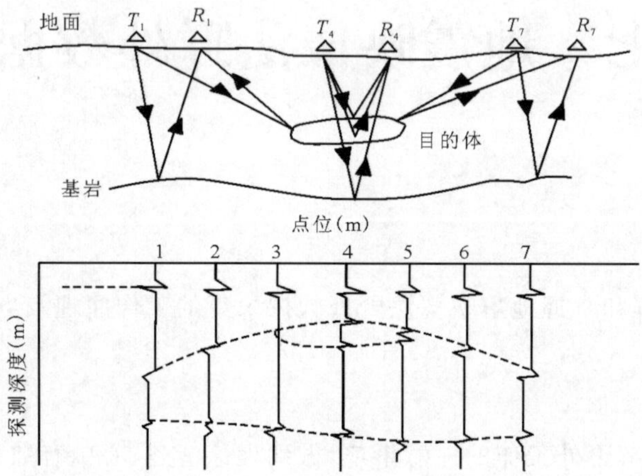

图 7-1　地震映像法勘探原理

五、实验内容

(1)地震波的激发：本次实验采用锤击激发地震波。地震波的激发要求：所激发的波形为宽频带、高低频丰富的地震波。

(2)地震波的接收：本实验采用 100Hz 垂直检波器进行接收，要求埋没时垂直紧固，与地面耦合良好。清除检波器周围的浮土及杂草，垂直埋设在地面上。

(3)野外观测参数的选择：野外观测参数的选取，直接关系到有效信号的质量问题，它包括偏移距、垂直叠加次数、点距、采样率、采样长度等。一般而言，应采用较小的采样率，高宽频带接收，其他应根据具体工区情况和设计书要求现场试验确定。

(4)收集其他有用的数据：工区的地质和地表条件。

(5)完成 1 条剖面(30m 以上长度)的资料采集。

六、实验步骤

1. 人员安排

每小组 5～8 人，分工为：仪器操作员 1 人、记录员 1 人、锤击员 2 人，其他为电缆铺设和检波器埋置人员。

2. 电缆铺设和检波器布设

在实习场地，按测线方向，第一步布好皮尺或测绳；第二步铺设电缆，两根电缆铺设有前后之分，铺设时要注意；第三步检波器埋设，每隔 1m 埋设一个检波器(注意：检波器非常灵敏，必须轻拿轻放，以避免强震动；另外在埋置检波器时，应用地质锤将检波器埋设处的杂草或腐殖土铲除，挖出一个小坑，将检波器插直埋紧，切忌用地质锤敲或用脚踩）。连接电缆和检波器（注意：电缆和检波器的接口有宽窄区别）。

3. 开机

将电缆、导线与仪器连接，在检查确认无误后，开机进行数据采集前的参数设置。

4. 噪声检测

按数字键 4，进行噪声检测及检波器埋设情况的检测，对检测结果进行分析，并给出处理结果。

5. 采集参数现场试验

(1)用皮尺或测绳量距，布置地震测线，按 1m 道间距埋置 24 个检波器，偏移距 0m，布置好排列。

(2)采集共炮点记录(采集参数设置方法与实验六操作相同)。每到一个新的勘查地区，首先要进行干扰波调查，以确定有效波和干扰波的特性。干扰波调查一般用单个检波器，小道距接收，不使用模拟滤波器，每激发一次，排列沿测线移动几个道间距，直到达到普通反射勘探所用的最大炮检距为止。最后获得的试验共炮点记录如图 7-2 所示。图中圈中部分为反射波和面波分离的区域(本记录中，炮检距大于 12m)，一般在实际施工中，选取的偏移距应该略大于试验记录中获得的最小炮检距，还需考虑激发能量，使获得的记录信噪比足够高。

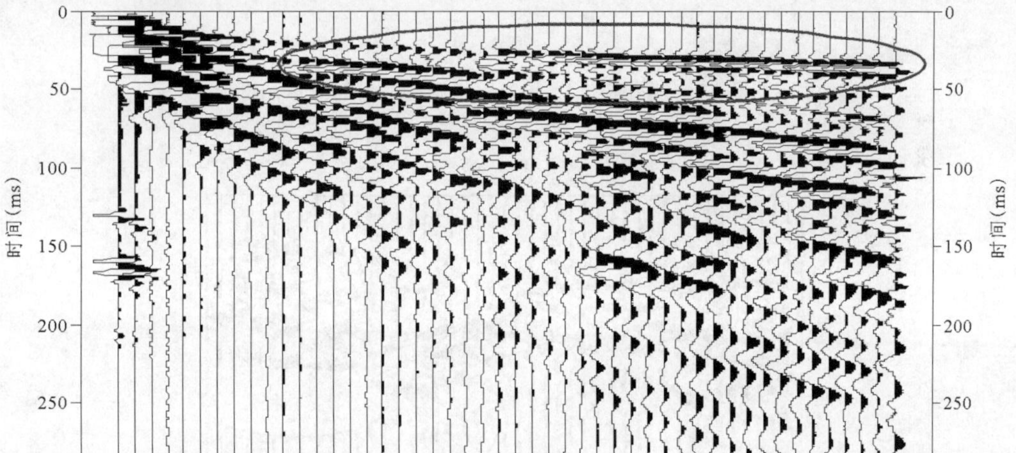

图 7-2　共炮点记录

6. 数据采集

在分析共炮点记录后，重新根据测线布置要求，在地表测线上的另一些点(通常 1～3 道)

用地震仪记录地震波，得到单炮地震记录；在地表沿测线有规则地同时移动炮点和接收点观测（等偏移距观测系统，偏移距由最佳窗口接收段确定），采集得到一组地震记录。

7. 地震映像法资料整理

地震映像法资料整理是从一系列多炮多道接收的地震记录，按照某一偏移距，抽出各炮中与该偏移距相对应的道显示在一起形成一条地震映像剖面。资料处理主要是滤波、道间均衡等简单的处理。对处理后的资料进行综合对比分析，判断引起低速度、波形同相轴错断的地质因素，圈定出洞穴、断层发育带。依据是同相轴错断或相位增加，波形振幅变化较大；同相轴反射零乱；反射频率较低；反射波的速度是低速度异常，引起反射同相轴下拉现象；短弧形同相轴。图 7-3 和图 7-4 为埋藏有低速体的不同偏移距地震映像法记录，有在异常体位置同相轴错断或相位增加，波形振幅变化较大同相轴反射零乱的特征。

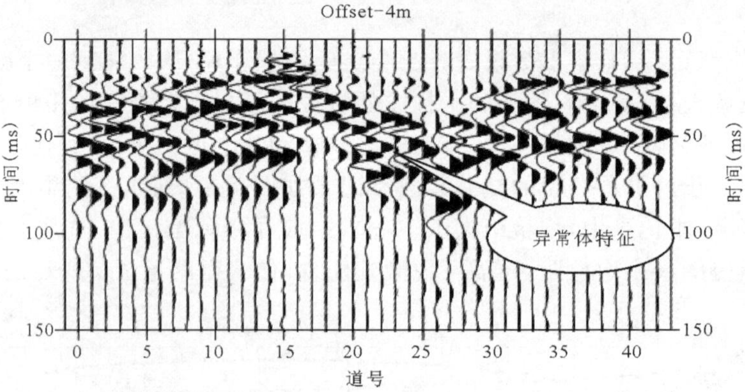

图 7-3　地震映像法 100Hz 偏移距 4m 剖面示意图

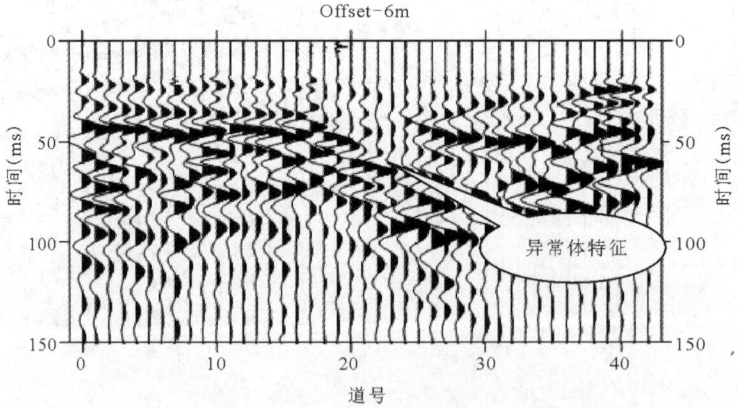

图 7-4　地震映像法 100Hz 偏移距 6m 剖面示意图

经过资料整理和处理后，可得到地震映像时间剖面（如果每炮为 1 道接收，则得到 1 条地震映像剖面，如果多道接收，就可以得到多条来自于地下同一反射段对应的映像地震剖面），依据该记录中的波形特征、振幅特征和相位特征可推断地下地质异常体。

注意事项：

(1)埋设检波器时一定要稳、实；接头处一定要放好，不得短路。

(2)激发地震波时，锤击铁板要快、短，从而激发出宽频带的地震波。

七、实验报告编写内容

(1)实验目的。

(2)实验内容。

(3)对实验有何看法和心得？请写在实验报告上。

实验八　浅层地震多次覆盖野外数据采集

一、实验目的

通过本次实验了解和掌握反射波法野外数据采集的工作原理及方法。

二、实验要求

(1)要求实验前了解野外工作的注意事项,做到理论清楚,心中有数。
(2)每一个环节都应参加。
(3)编写实验报告。

三、设备

地震仪 2 台;道间距 2m 的大线电缆 4 根;100Hz(或 38Hz)检波器 48 个;12V 可充电电池 2 块;触发开关 1 个;50m 以上长导线 1 根;18 磅大锤 1 把;铁板 1 块;皮尺或测绳 1 根;地质锤 2 把;野外记录本 1 本;仪器检修工具 1 套。

四、原理及装置

在浅层地震勘探中,广泛采用多次叠加法,这种方法所得资料经静校正、动校正、叠加等数字处理后,可达到压制干扰波提高信噪比的目的。它的基本思想是对地下反射界面上各个反射点的地质信息进行多次观测,以排除由于地面上个别观测点受到某种干扰而扭曲地下真实信息的影响。

1. 原理

所谓多次覆盖是指在测线上不同点激发、相应点接收来自地下界面相同反射点的多个地震记录道进行叠加。此方法是建立在水平界面假设的基础上的。

如图 8-1 所示,在测线上不同位置的 O_1、O_2、O_3 等点激发,可以在以 M 点为对称的相应的 S_1、S_2、S_3 等点接收来自地下水平界面 R 上同一点 A 的反射波。A 点称为共反射点或共深度点。M 点是 A 点在地面的投影点,也是接收距的中心点,称为共中心点或共地面点。S_1、S_2、S_3 等处接收到的地震记录道称为共反射点(或共深度点)叠加道,把共反射点叠加道的集合称为共反射点或共深度点(CDP)道集。

2. 工作装置

多次覆盖观测系统分为双边放炮(包括中间放炮)和单边放炮两种形式。一般来说,采用下倾方向单边放炮的观测系统进行工作为好。对多次覆盖观测系统的主要要求是必须使所研究界面长度范围内的全部反射点(或反射段),都能得到相同次数的覆盖。但每放一炮所能覆盖的界面长度有限,因此设计观测系统时首先需要沿测线等间隔地布置炮点位置,依次激发,并在相应的接收段上进行记录。炮点间隔 $d=\frac{s\cdot N}{2n}\cdot\Delta x$ 或每次放炮后移动道数 $v=\frac{d}{\Delta x}=\frac{s\cdot N}{2n}$ 关系式确定。其中:N 表示地震仪器记录道数;n 表示叠加次数;Δx 表示道间距;s 表示观测系统系数,单边放炮为 1,双边放炮为 2。

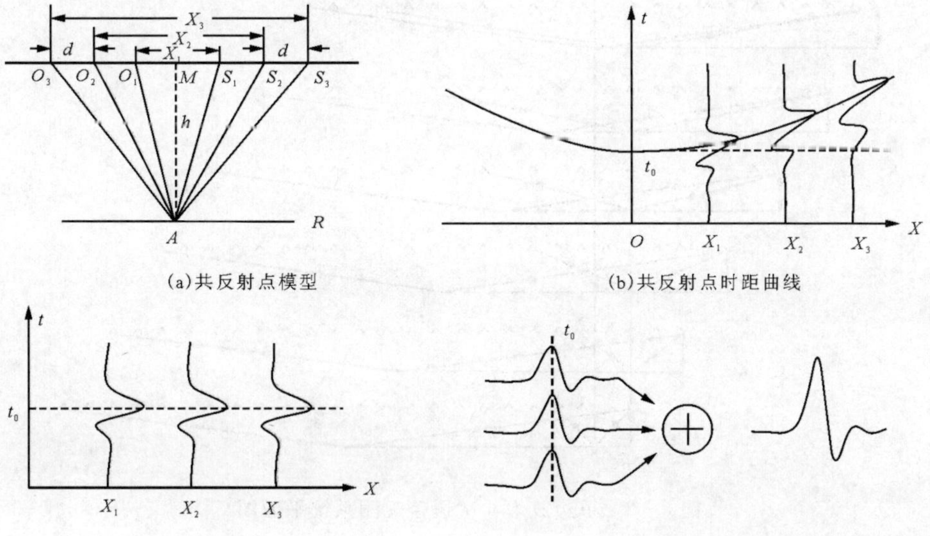

图 8-1　共反射点叠加模型

本反射波法实验采用单边放炮,6 次覆盖观测系统。如图 8-2 所示,炮点位于排列的端点,有一定的偏移距(根据共炮点试验记录确定)。

3. 工作参数选择

1)记录长度与时间采样率

记录长度:应保证记录到来自最深目的层的反射信号,并留些许余地。它受仪器采样点数的限制。

采样间隔:应满足采样定律,使信号不失真:$\Delta t\leqslant\frac{1}{2f_c}$,$f_c$ 为最高频率成分。

2)最大和最小炮检距

最大炮检距:$x_{max}\approx(0.7-1.5)h_{max}$。炮检距太小,则无法保证速度分析的精度;炮检距太大,转换波严重,广角反射畸变,CDP 叠加前提无法满足。

最小炮检距:(偏移距)。偏移距太小,则无法避开面波、声波等干扰;偏移距太大,可能损失有用的浅层信号。

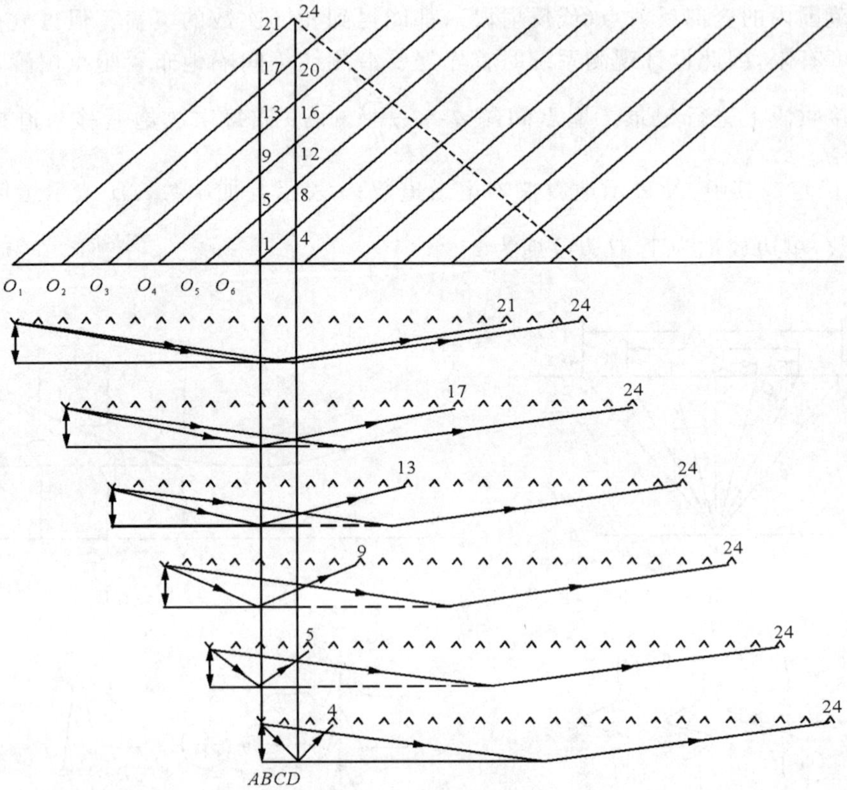

图 8－2　单边放炮 6 次覆盖观测系统平面图

3)最佳接收段选择

最佳接收段选择又称“最佳窗口技术”,即确定最佳的 x_{min} 和 x_{max} 参数。一般既要避开近道的面波、声波干扰,又要避开远道的广角反射和折射。

4)道间距 Δx 的选择

道间距 Δx 的选择应考虑的主要因素:①有利于有效波的对比,确保满足空间采样定律:$\Delta x_{max} \leqslant \lambda_{min}/2$。②同时兼顾:仪器道数、排列长度、工作效率。

对反射界面进行充分采样:保证在第一非涅尔带内至少有两个地震道。

总之,上述工作参数应在批量施工前通过试验确定。

五、实验内容

地震勘探的野外工作是整个地震勘探中的重要内容,是数据处理的基础,主要包括如下几点:

(1)地震波的激发:本次实验采用锤击激发地震波法。地震波的激发要求所激发的波形为宽频带、高低频丰富的地震波。

(2)地震波的接收:震源激发的地震波中含有效波和干扰波,在接收地震波时,应压制干扰波,突出有效波。根据有效波与干扰波之间的差别,可采用不同的方法压制干扰,包括有效波和干扰波的频率差别、波从地下向地面入射方向和振动方向的差别、视速度或时差的不同等。本实验采用100Hz垂直检波器进行接收，要求埋没时垂直紧固于地面，与地面耦合良好，清除检波器周围的浮土及杂草，垂直埋设在地面上。

(3)野外观测参数的选择：野外观测参数包括最大炮检距、最小炮检距、最小炸药量等。一般而言，应采用高时间采样率、高宽频带接收、多次覆盖、小道间距、小偏移距、小药量等。

(4)收集其他有用的数据，如高程、点位等。

六、实验步骤

1. 人员安排

每小组8～10人，分工为：仪器操作员1人、记录员1人、锤击员2人，其他为电缆铺设和检波器埋置人员。

2. 电缆铺设和检波器布设

在实习场地，按测线方向，第一步布好皮尺或测绳；第二步铺设电缆，两根电缆铺设有前后之分，铺设时请注意；第三步检波器埋设，每隔1m埋设一个检波器(注意：检波器非常灵敏，必须轻拿轻放，以避免强震动；另外在埋置检波器时，应用地质锤将检波器埋设处的杂草或腐殖土铲除，挖出一个小坑，将检波器埋直、埋紧，切忌用地质锤敲或用脚踩)。连接电缆和检波器(注意：电缆和检波器的接口有宽窄区别)。

3. 开机

将电缆、导线与仪器连接，在检查确认无误后，开机进行数据采集前的参数设置。

4. 噪声检测

按数字键4进行噪声检测及检波器埋设情况的检测，对检测结果进行分析，并给出处理结果。

5. 采集参数现场试验

(1)用皮尺或测绳量距，布置地震测线，按1m道间距埋置24个检波器，偏移距0m，布置好排列。

(2)采集共炮点记录(采集参数设置方法与实验六操作相同)。每到一个新的勘查地区，首先要进行干扰波调查，以确定有效波和干扰波的特性。干扰波调查一般用单个检波器，小道距接收，不使用模拟滤波器，每激发一次，排列沿测线移动几个道间距，直到最大炮检距达到普通反射勘探所用的最大炮检距为止。最后获得的试验共炮点记录如图8-3所示。图中红色部分为反射波，粉色部分为面波(本记录中，炮检距大于20m时反射波和面波分离)。一般在实际施工中，选取的偏移距应该略大于试验记录中获得的最小炮检距，另外还需考虑激发能量，使获得的记录信噪比足够高。

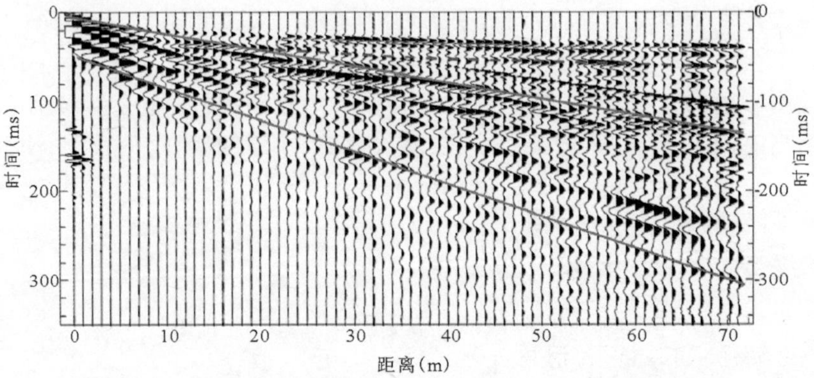

图 8-3　共炮点地震记录

6. 数据采集

在分析共炮点记录后，重新根据测线布置要求，用皮尺或测绳量距，按 1～2m 道间距埋置 24 个检波器，布置好排列。埋置检波器时需要考虑检波器在测点上的位置，按单边放炮，6 次覆盖采集数据，偏移距根据试验记录设置。

仪器采集参数设置与实验五相似。采用滚动采集方式时，需进行 Roll Parameter 参数设置。Roll Parameter：排列滚动方式设置。一般情况下，炮点和检波点同步滚动，排列可向右滚(大号)，或向左滚(小号)，也可以自动滚动，但是文件必须自动存盘。

排列参数设置完成后会显示排列方式：触发位置(炮点桩号)、显示激活采集道和不采集道(图 8-4)。

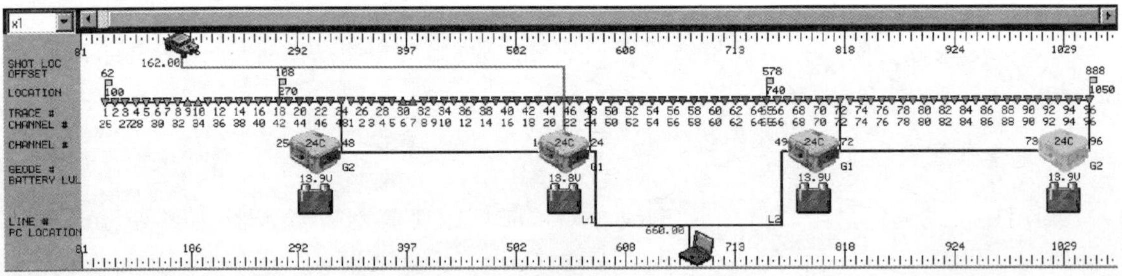

图 8-4　排列设置显示窗口

仪器准备好以后即可进行数据采集，同时记录员在记录本上记录文件号、测点位置等情况。注意填写好实验班报记录。班报记录包括工程名称、测线号、工作方法、仪器型号、记录编号、文件号以及各种参数选择、工作日期等。

7. 转站

当操作员认为记录合格，即进行下一炮的数据采集，炮点沿测线移动 2 个道距，仪器按设定自动选取设定的接收道向前滚动。重复上述步骤，直到可用的 48 道全部用完或测完整条测线，测站需同时进行转站工作。整个过程中必须始终保持偏移距不变。

注：依据单边激发，6 次覆盖观测系统每次放炮后移动道数关系式 $v=\frac{d}{\Delta x}=\frac{s\cdot N}{2n}$（$s=1$，$N=24$，$n=6$）计算 $v=2$，即每移动 2 道放一炮。

七、实验报告编写内容

(1)实验目的。

(2)实验内容。

(3)对实验有何建议和心得？请写在实验报告中。

实验九　浅层折射波法的野外数据采集

一、实验目的

熟悉并掌握浅层折射波法野外原始数据采集的全过程，对相遇追逐折射波法观测系统、测线布置原则、野外工作参数选择有深入理解。

二、实验要求

(1)要求实验前了解野外工作的注意事项，做到理论清楚，心中有数。

(2)每一个环节都应参加。

(3)编写实验报告。

三、设备

地震仪2台；道间距2m的大线电缆2根；100Hz检波器24个；12V可充电电池1块；触发开关1个；50m以上长导线1根；18磅大锤1把；铁板1块；皮尺或测绳1根；地质锤2把；野外记录本1本；仪器检修工具1套。

四、原理及装置

1. 工作原理

折射波法和反射波法是地震勘探的两个基本方法。折射波法常用于探测覆盖层厚度、基岩面起伏、岩性速度分层等地质问题。浅层折射波法的工作原理是在地面人工激发地震波，地震波在地下介质中传播，当通过波速不同的介质界面时(下层介质的波速大于上层介质的波速)，产生一定能量的折射波，并沿该界面传播后返回地面，经埋置在地面的检波器接收后转入地震仪，地震仪对地震信号放大和采样后将波形数据记录于磁盘。然后通过计算机和人工对接收到的地震波的时间、相位、振幅和距离等信息进行分析和解释，计算出地层界面速度和埋深。

2. 工作装置

观测系统及选择观测系统的意义：根据测线间不同的组合关系，可分为单支时距曲线观测系统、相遇时距曲线观测系统、多重相遇时距曲线观测系统以及追逐相遇时距曲线观测系统等。时距曲线是一种表示接收点距离和地震波走时之间的关系曲线，以接收点到激发点的距离为横坐标，以地震波到达接收点的走时为纵坐标作图，即可得到相应的时距曲线。它是研究地震波运动特征的一种基本方法。此次对折射波法实验采用相遇追逐排列观测系统。所谓相遇时距曲线观测系统就是在测线两端放炮，在全测线观测它所激发的地震波。由相遇观测得到的两支时距曲线称作相遇时距曲线。相遇时距曲线观测系统可弥补单一方向时距曲线的不足，它可从不同方向反映界面的变化。利用追逐时距曲线的平行性来延长解释区间，判定有无穿透现象。通过相遇与追逐结合能较准确地确定时深转换速度(即有效速度)的交点。这种观测系统的时距平面图和综合平面图如图 9－1 所示。图 9－1 中 O_2、O_3 为整个检波器排列的两个端点炮，O_1、O_4 为两个追逐炮。

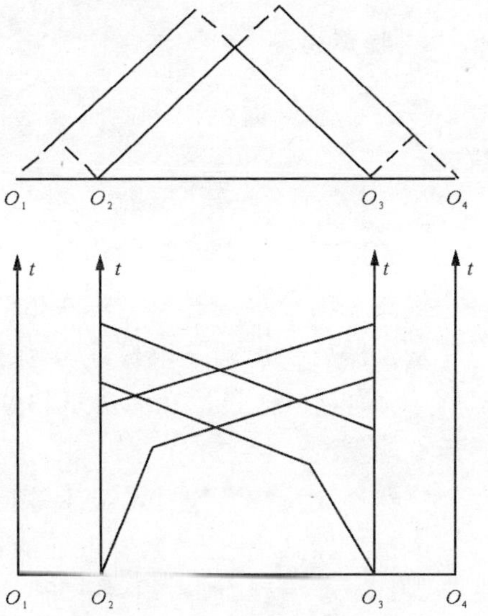

图 9－1　折射波相遇追逐系统

3. 震源间距设计

在折射波法勘探中，震源间距对调查结果有重要影响。震源间距越小，测量精度越高，通常按 12～24 个检波点设计 1 个震源点。震源间距的设计也要考虑到震源能量、施工效率和勘探成本等因素，在满足对目的层有效调查的条件下，亦可适当增大震源间距。

炮点与检波点之间的间距称为炮检距，离开主炮点最远的检波点与主炮点的间距称为最大炮检距，最大炮检距与探测深度有密切关系，并受地形、地质及地层波速的影响。最大炮检距至少要为目的层或新鲜基岩深度的 7～10 倍以上。最大炮检距长度不够，便不能有效探测深部基岩状况。

五、实验步骤

本实验可布置在泥土地面上进行，测线方向为东西向，道间距为 1～2m。

1. 人员安排

每小组 8～10 人，分工为：仪器操作员 1 人、记录员 1 人、锤击员 2 人，其他为电缆铺设和检波器埋置人员。

2. 电缆铺设和检波器布设

在实习场地，按测线方向，第一步布好皮尺或测绳；第二步铺设电缆，铺设时要求注意两根电缆铺设有前后之分；第三步检波器埋设，每隔 1m 埋设一个检波器(注意：检波器非常灵敏，必须轻拿轻放，以避免强震动；另外在埋置检波器时，应用地质锤将检波器埋设处的杂草或腐殖土铲除，挖出一个小坑，将检波器埋直、埋紧，切忌用地质锤敲或用脚踩)。连接电缆和检波器(注意：电缆和检波器的接口有宽窄区别)。

3. 开机

将电缆、导线与仪器连接，在老师检查确认无误后，开机进行数据采集前的参数设置。

4. 噪声检测

按数字键 4 进行噪声检测及检波器埋设情况的检测，对检测结果进行分析，并给出处理结果。

5. 数据采集

仪器采集参数设置与实验六相似。

从仪器处引出两条触发线分别引向第一个检波器处(O_2 炮点)，另一条引向第 24 道检波器处(O_3 炮点)，拖板员和锤击员将铁板(或称锤垫)置于预先铲平的点位(O_2、O_3 炮点)上，然后检查触发线连接是否符合要求，等待仪器操作员的口令。

仪器操作员按数字键 1 显示等待采集，锤击员在得到仪器操作员的口令后，猛烈锤击置于第一个检波器(O_2 炮点)激发点处的铁板，激发地震波。激发地震波时，要求布设电缆及检波器的人员不要走动，以免引起干扰信号。地震波的激发，要求锤击员用 18 磅大锤猛击铁板。激发后，仪器操作员查看屏幕上的数据是否满意，若不满意，则按 CLR 键重新激发；若满意，则可进行叠加数据，直至达到满意的叠加次数。同时，记录员在记录本上记录文件号、测点位置等情况。注意填写好实验班报记录。班报记录包括工程名称、测线号、工作方法、仪器型号、记录编号、文件号以及各种参数选择、工作日期等。

最后获得的第一个检波器处(O_2 炮点)相遇炮记录类似于如图 9-2 所示的地震记录。图中红色部分为折射波初至，粉色部分为直达波初至(本记录中，直达波和折射波在 7～8 道处相交，可考虑追逐炮 O_1 炮点距 O_2 炮点的距离，即偏移距为 8m)，一般在实际施工中，追逐炮选取的偏移距应该略大于相遇炮记录中获得的最小炮检距，还需考虑激发能量，使获得的记录信噪比足够高。

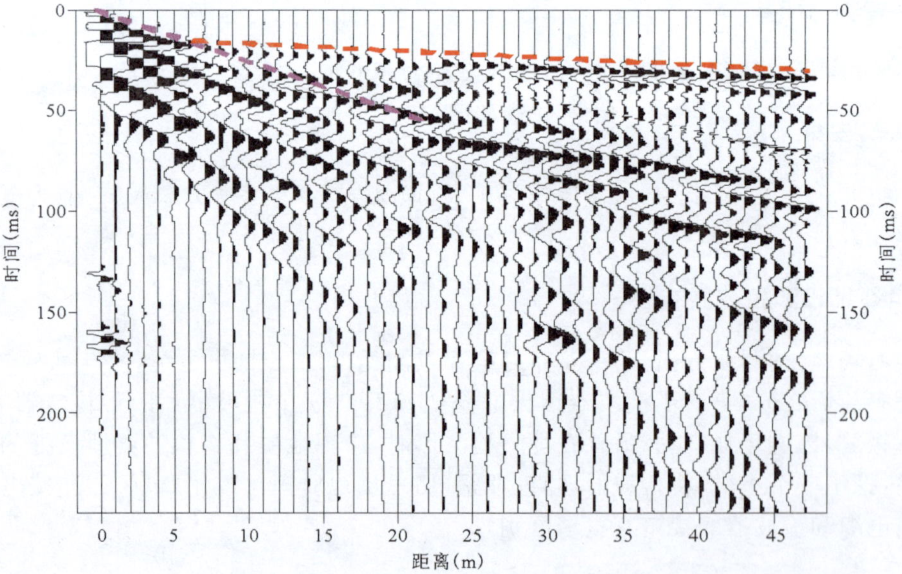

图 9-2 O_2 炮点相遇炮记录

同上步骤测量 O_3 相遇炮，根据 O_3 相遇炮记录确定 O_4 追逐炮的激发位置。

完成 4 个炮点采集后，可进行下一段的测量工作，即将整套设备沿测线移动到下一测量段——转站。

6. 转站

当操作员认为记录合格，即可命令转站，将仪器移至下一个测段，并重新布置和重复上一测站的工作，其他测站依此类推，直到一条测线上的全部工作完毕。一般同一条测线做连续测量时，需有相应的重叠段，至少重叠一道。

七、实验报告编写内容

(1)实验目的。

(2)实验内容。

(3)对实验有何看法和心得？请写在实验报告上。

八、思考题

(1)折射波法的工作原理是什么？为什么要选用相遇追逐观测系统？

(2)怎样进行采集参数的设置？请说出理由。

(3)在数据采集过程中，应注意哪些问题？

(4)你在本次实验中的收获与体会有哪些？

实验十　瞬态瑞雷面波的野外数据采集

一、实验目的

(1)了解瞬态瑞雷面波法的探测原理。

(2)掌握瞬态瑞雷面波法野外数据采集方法。

二、实验内容

(1)使用瞬态瑞雷面波法,并采用检波器等距排列观测系统方式进行基岩面深度探测及第四系覆盖层分层。

(2)采用不同的偏移距、道间距进行面波测量:①道间距 0.5m,偏移距 5m。②道间距 1m,偏移距 10m。③道间距 2m,偏移距 15m。④道间距 2m,偏移距 20m。对上面 4 种情况进行对比,加深认识。

(3)检波器的选择。瞬态瑞雷面波法数据采集装置和仪器操作方法均与折射波数据采集相同。但要根据不同的探测需要选择检波器,一般应选择较低频率的检波器。安置检波器应注意与地面垂直并与地面紧密耦合。

(4)对面波波形的要求。瞬态瑞雷面波记录要求波形完整、有较好的相似性,信噪比高,无削波和溢出现象。

三、实验器材

地震仪主机 1 台;大线电缆 2 根;4.5Hz 左右检波器 24 个;12V、38Ah 可充电电池 1 块;触发开关 1 个;大锤 1 把;铁板 1 块;触发长导线 1 根;皮尺或测绳 1 根;罗盘 1 个;地质锤 2 把(用于铲除杂草、挖小坑);实验记录班报表 1 份;此外还应有小刀、铅笔、黑胶布等。

四、实验原理

1. 工作原理

瞬态瑞雷面波法采用锤击作为震源。锤击时激发一瞬时冲击力,产生一定频率范围的瑞雷波,不同频率的瑞雷波叠加在一起,以脉冲的形式沿地表向前传播,经埋置在地面的检波器接收后输入地震仪,并将波形数据记录于磁盘(图 10-1)。通过计算机对瞬态法记录的信号进行频谱分析、相位谱分析,从而得到一条频散曲线,通过对频散曲线的分析或反演来确定基岩面的埋深,并进行第四系覆盖层分层。

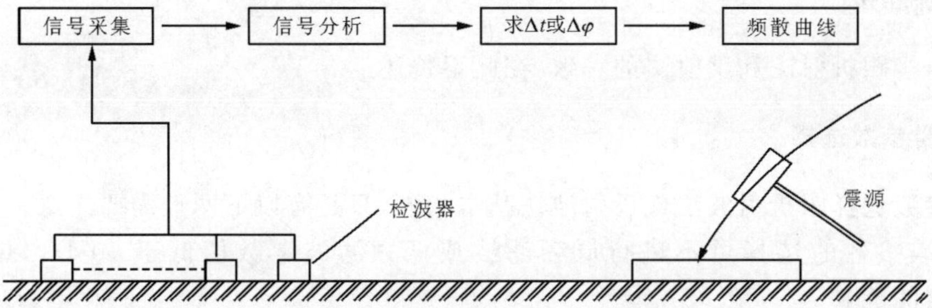

图 10－1　瞬态面波工作原理示意图

2. 技术方法

应用瞬态法进行现场测试时一般采用多道检波器接收，以利于面波的对比和分析。当锤子或落重在地表产生一瞬态激振力时，就可以产生一个宽频带的 R 波，这些不同频率的 R 波相互叠加，以脉冲信号的形式向外传播。当多道低频检波器接收到脉冲形振动信号后，经数据采集、频谱分析后，绘制面波频散曲线。

(1)当选取两道检波数据进行反演处理时，应使两检波器接收到的信号具有足够的相位差，其间距 Δx 应满足$(\lambda_R/3)\sim\lambda_R$。

(2)当采用多道检波数据进行反演处理时，虽然不受道间距公式的约束，但野外数据采集时也应考虑勘探深度和场地条件的影响。一般来说，当探测较浅部的地层介质特性时，宜采用小的 Δx 值并用小锤作震源以产生较强的高频信号，即可获得较好的结果；当探测较深部的地层介质特性时，宜采用较大的 Δx 值，并用重锤锤击地面，以产生较低频率的信号，使它能反映地下更深处的介质信息，达到岩土工程勘察之目的。

震源点的偏移距从理论上讲越大越好，且宜采用两端对称激发，有利于瑞雷波的对比、分辨和识别，但偏移距增大就需要震源能量加大和仪器性能的改善。一般来说，偏移距应根据试验结果选取。就目前的仪器设备条件和反演技术水平，选用偏移距 20～40m 即可获得较好的测试结果。

多道检波数据经处理后可得一条频散曲线，一般把它作为接收段中点的解释结果。实际上该曲线所反映的地层特性为接收段内地层性质的平均结果，故当探测场地地下介质水平方向变化较大时，只要能满足勘探深度的要求，尽量减小瑞雷波传播的接收段，以使解释结果更符合客观实际。

五、实验步骤

1. 布置测线及埋置检波器

本次实验可选一块小场地进行，测线用罗盘定向，皮尺或测绳量距。检波器间距可选 0.5～2m，共埋置 24 个检波器，检波器的埋置一定要与地面耦合良好。

2. 系统连接

系统连接跟折射法和反射法的一致，在此不赘述。

3. 仪器参数选择

仪器参数选择跟折射波法或反射波法基本相同，只是有以下两点需要注意。

(1)滤波参数的选择可不进行低频滤波或低频滤波参数值低于 10Hz，以免压制有效波——面波的能量。

(2)尽管面波的频率低，但采样间隔不应大于 0.5ms。由于面波的频散特性，基阶波速度较高，为了保证足够获取各种频率成分的瑞雷波，记录长度不宜太小，一般应保证整个排列能完整记录面波的波动过程。

4. 数据采集

(1)噪声监测。对检波器和电缆是否正常作出检验。按下数字键 5 到噪声显示状态，在测线上任意处跺脚来观察各道的反应。若每道都有大小不同的反应，即可完成此操作，若某道在显示屏上没有反应，则检查该道检波器是否没埋好或电缆是否正常。

(2)激发与接收。探测较浅层时，采用 0.5m 或 1m 道间距，并用小锤锤击置于地面的铁板以获得高频信号；探测较深层时，采用 1m 或 2m 道间距，采用大锤锤击激发，获得低频深层信号。为了达到增强有效信号的目的，可在同一震源位置重复测试 3～5 次进行叠加。

(3)偏移距试验。在每个新工作区域最好先做 0 偏移距共炮点记录，根据干扰波和面波的关系确定偏移距。图 10-2 为瞬态瑞雷面波法正、反向放炮 0 偏移距共炮点试验记录，图中线框内标注处显示面波受到直达波、折射波和浅层反射波的干扰，而框外面波受到的规则干扰波较少。因此，对于该记录而言，偏移距应大于 8m 为好，考虑到震源能量和记录信噪比，一般偏移距略大于能避开干扰波区的距离即可。

(4)采集数据。①当选取两道检波数据进行反演处理时，接收点在每相邻 2 道检波器的中间位置，采集数据时根据偏移距试验结果和满足信噪比的原则，选择合适的偏移距激发和接收，为了获得可靠的资料，一般还应在排列尾端对应位置反向放炮，获取反向炮记录用于资料的处理。测完一个排列以后，把整个排列移至下一点进行激发与接收，直至整条剖面测完。在测量的同时，注意填写好实验班报记录。②当采用多道检波数据进行反演处理时，在接收点整个排列的中间位置，采集数据时根据偏移距试验结果和满足信噪比的原则，选择合适的偏移距激发和接收，每采集完一炮记录，炮点和接收点同时移动相同的距离(测点距)，直至整条剖面测完。在测量的同时，注意填写好实验班报记录。

六、编写实验报告

(1)实验目的、实验内容和实验器材。

(2)实验步骤、实验结果与分析。

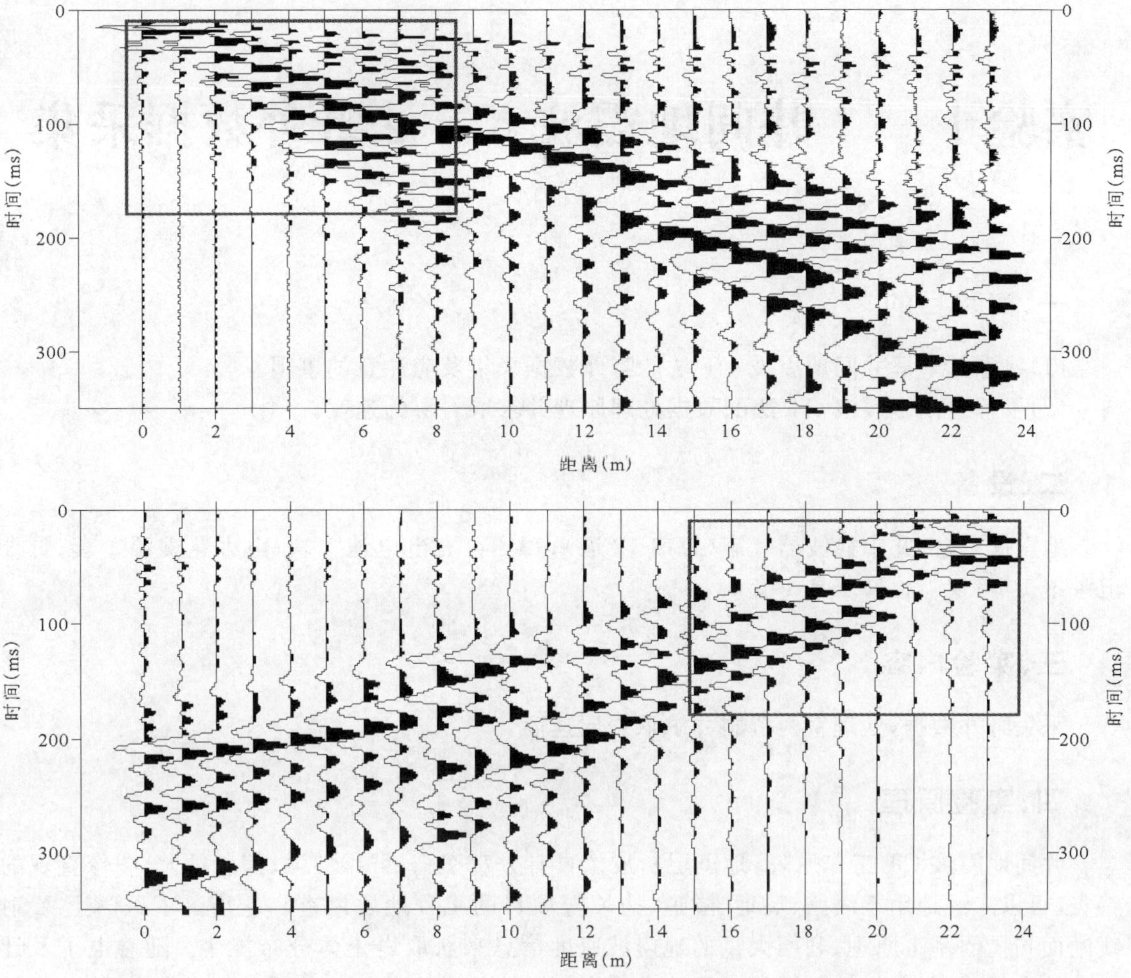

图 10-2　瞬态瑞雷面波法正、反向放炮 0 偏移距共炮点试验记录

七、思考题

(1)瞬态瑞雷面波法的工作原理是什么？

(2)为什么在工作中要改变激发接收方式？

(3)在数据采集过程中，应注意哪些问题？

(4)你在本次实验中的收获与体会有哪些？

(5)分析和对比不同偏移距和道间距采集的面波波形记录，不同偏移距和道间距的记录有什么区别？

实验十一　井间地震波 CT 法野外数据采集

一、实验目的

(1)熟悉并掌握井间地震波 CT 法的野外数据采集及应注意的事项。

(2)了解井间地震波 CT 法的数据处理原理并求取岩层的速度。

二、设备

地震仪 1 台;井中检波器 2 串(每串 12 道);12V 可充电电池 1 块;电火花震源 1 套;野外记录本 1 本;仪器检修工具 1 套。

三、实验内容

采集野外数据,处理室内资料并求取岩层速度。

四、实验原理

井间地震波 CT 工作原理:地震层析成像具有分辨率高、可靠性强、信息量大、图像直观的特点,可以广泛地用于线路、场地、隧道、边坡等项目的工程地质勘查。它借鉴了医学上 X 射线断面扫描的基本原理,利用大量的地震波速度信息来获取岩土体分布规律。随着电子及计算机技术的不断发展,地震层析成像技术也在不断成熟和完善。在地震层析成像中,按波的传播类型区分,它的研究内容可分为透射层析成像、反射层析成像、绕射层析成像等;按反演的物性参数区分,它的研究内容可分为利用地震波的传播时间,反演地震波传播速度的波速层析成像,以及利用地震波振幅的衰减,反演地震波衰减系数的衰减系数层析成像。由于地震波的速度与介质的各种物理性质有关,且地震波的传播时间又较容易观测,因此,利用地震波的传播时间求取地震波传播速度的方法得到广泛地研究。

井间地震层析成像从波的传播类型来区分属于透射层析成像;就测量方式而言,两口井中,其中一口井安放发射器,另一口井安放接收器,以地震波作为源,测量波在两口井中传播后的走时或者振幅和相位,继而根据这些测量数据(常称之为投影)来重建井内剖面的图像。

根据目标体的大概分布规律合理布设钻孔和观测系统(图 11 - 1),采用一发多收的扇形透射,经过诸点激发,将在被测区域形成致密的射线交叉网络。

按照激发与接收时间互换原理,每条射线地震波旅行时间将被唯一确定,射线通过异常体时,将产生时间旅行差,当多条致密交叉射线通过异常体时,就会对异常体的空间位置进行唯一确定,然后再根据射线的疏密程度及成像精度的要求,在施测范围内划分若干规则的成像单元,实现透视空间离散化,可认为每个成像单元的介质是均匀的,波速是单一的,通过对诸多成像单元波速的数学物理反演计算，可获得异常体波速的展布形态。

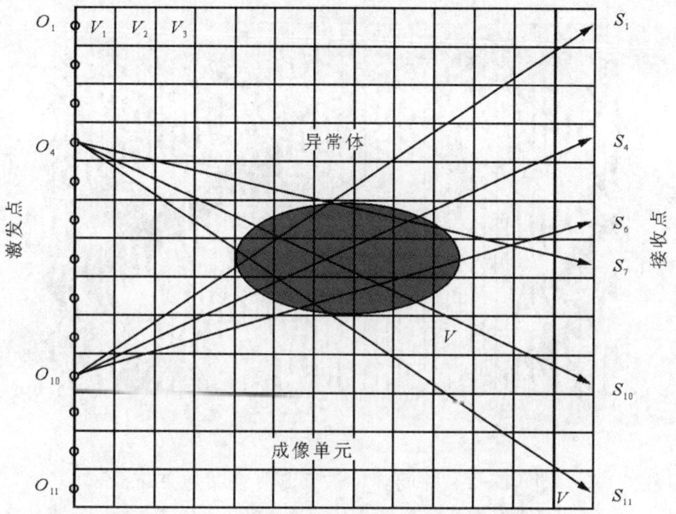

图 11-1　井间地震层析成像原理示意图

五、实验步骤

(1)按工作要求，先对所测井进行钻机扫孔，以免泥浆沉淀固结。

(2)震源设置：先连接好电火花震源系统，将电火花探头放入震源井中预先设定的位置，精确测量震源至井口的距离 D。

(3)检波点设置：先连接好地震仪接收系统，将检波器串放入接收井中预先设定的位置，精确测量检波器至井口的距离 L。

(4)在触发信号线与地震仪连接好后，地震仪开机进入采集菜单，设置好采集参数，采集参数设置方法参见实验七。建议采样间隔/记录长度设置如下：①Sample Interval：建议选取 0.0125ms 或更小的值；②Record Length：建议选取 0.2s。

(5)准备工作做好后，按规程操作电火花震源进行充电，充电到设定的电压后，即可以放炮，完成一个共炮点记录。同时记录员在记录本上记录文件号、炮点、测点位置等情况。注意填写好实验班报记录。班报记录包括工程名称、测线号、工作方法、仪器型号、记录编号、文件号以及各种参数选择、工作日期等。

(6)将检波器提升到下一个测点位置，重复放炮采集，直到完成预定的炮集记录。

(7)将震源提升到下一个测点位置，检波器安放到设定的位置，重复放炮采集，直到完成预定的炮集记录。

(8)再按设定的震源和检波器安放位置，重复放炮采集，直到完成所有预定的炮集记录。

进行井间地震波 CT 工作时，按炮点距和检波距的设置规范设定激发点或接收点的位置，直到完成预先设计好的“观测系统”。每对孔观测系统完成后，可分别测得 $N\times N$ 个地震波旅行时，据此信息，利用计算机做反演计算，即可得到被探测对象内部的波速图像。典型地震波测试记录如图 11-2 所示。

注意：本实验由于用电火花作为震源，涉及用电安全，需在老师指导下操作。

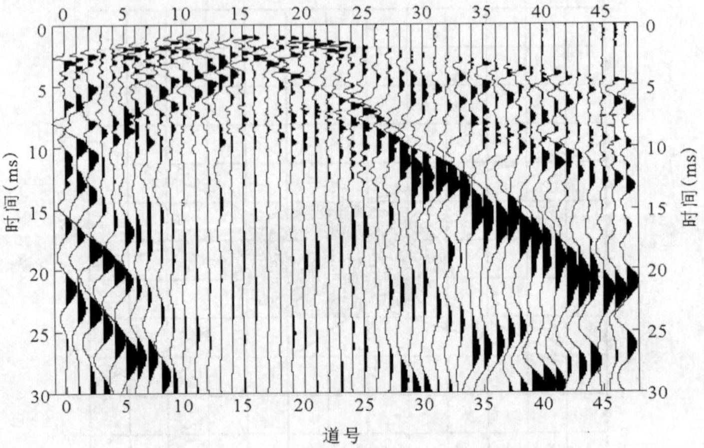

图 11－2　井间弹性波 CT 典型共炮点记录

（激发深度对应第 11 道检波器位置，0～47 道接收）

六、实验要求

(1)在指导老师的指导下，完成野外数据的采集，并在指导老师的数据处理演示下，学会数据处理的操作步骤、初至波的判读等。

(2)总结 CT 测井的心得和体会。

(3)编写实验报告。

第三部分　数据处理实验

本部分内容在计算机房内完成，共两个实验内容，包括一维频谱分析与滤波，FK 滤波。一维频谱分析要求学生能识别有效波与干扰波的频带分布，以便设计滤波器及其滤波窗口，一维滤波主要利用有效波与干扰波在频带分布上的差异。二维频谱分析要求学生在 F－K 域内能识别有效波与干扰波分布的区域，以便设计合适的滤波器，二维滤波主要利用有效波与干扰波在频率和视速度方面的差异。一维和二维频谱分析为设计滤波器提供基础。每部分内容安排 4 学时完成，可以根据课堂教学内容选做实验内容。

实验十二　一维频谱分析与滤波

一、实验目的

(1)掌握频谱分析的概念和过程。

(2)掌握带通滤波的原理和处理流程。

二、实验内容

(1)对地震记录进行频谱分析。

(2)建立带通滤波处理流程。

三、实验原理

1. 频谱分析

频谱分析的目的在于了解有效波和干扰波的频谱分布范围,以便选取合适的频率滤波范围,压制干扰波,突出有效波,提高记录的信噪比。地震信号通过傅里叶变换,既可在时间域中表示,也可在频率域中表示,它的离散傅氏变换和逆变换为:

$$\left.\begin{aligned} X(m\Delta f) &= \Delta t\sum_{n=0}^{N-1}X(n\Delta t)\mathrm{e}^{-i2\pi m\Delta f * n\Delta t} \\ X(n\Delta t) &= \Delta f\sum_{m=0}^{M-1}X(m\Delta f)\mathrm{e}^{i2\pi m\Delta f * n\Delta t} \end{aligned}\right\} \tag{12-1}$$

式中:m、n 均为整数。$m=0,1,\cdots M-1$;$n=0,1,\cdots N-1$。$N\Delta t=T$ 为频谱分析的时窗长度。则振幅谱 $A(m\Delta f)$和相位谱 $\phi(m\Delta f)$分别为:

$$A(m\Delta f)=\sqrt{[\mathrm{Re}(X(m\Delta f))]^2+[\mathrm{Im}(X(m\Delta f))]^2} \tag{12-2}$$

$$\phi(m\Delta f)=\arctan\frac{\mathrm{Im}[X(m\Delta f)]}{\mathrm{Re}[X(m\Delta f)]} \tag{12-3}$$

进行频谱分析先要选好地震记录,然后确定分析参数。如果要分析反射波的频谱,所选记录最好是没有干扰波的纯反射信号时窗,在分析干扰波的频谱时,应尽量选择没有反射波的纯干扰信号时窗。地震记录选好之后,就可以确定频谱分析的时窗长度、采样点数。实际资料处理时,由于种种原因,一个频谱提供的数据没有十分的把握,这时需要多做几个信号的频谱分析,最后得到一个统计平均值。

地震波的频谱有如下特征:

(1)面波频谱的峰值偏低,这与反射波有较显著的差别;声波频谱峰值偏高,与反射波的频谱范围有较宽的重叠。

(2)由于大地滤波作用，反射波的频率随着传播距离的增大而降低。因此，浅层反射波频率较高，深层反射波频率较低。

(3)外界相干干扰波、多次波与有效反射波的频谱差别不大。

(4)微震噪声频带较宽。

由此可知，有效反射波与面波、微震等干扰波在频谱上存在较明显差异，利用这些差异采用频率滤波就能压制这类干扰波；而有些干扰波与有效波的频谱重叠部分较宽，如声波、多次波等，显然采用频率滤波不能有效地压制这类干扰波。因此，频率滤波压制干扰波的能力是有限的。

2. 带通滤波器

若地震记录中的干扰波分别出现在频谱的两端，而有效波的能量位于频谱中间时，可采用带通滤波器压制干扰波。

$$H_2(f)=\begin{cases}1, |f_1|<f<|f_2| \\ 0, \text{else}\end{cases} \tag{12-4}$$

如果脉冲响应函数 $h(t)$ 按采样间隔 Δt 进行离散采样，则可以证明，采样后得到的脉冲响应时间序列 $h(n\Delta t)$ 的频率响应 $Hn(f)$ 是一个以 $1/\Delta t$ 为周期的周期函数。这样，数字频率滤波除了有与 $h(t)$ 的频率特性相对应的"正门"之外，还存在着以 $1/\Delta t$ 为周期的无数个"伪门"。由于"伪门"的存在，某些干扰波的频谱可能出现在"伪门"范围内而被保留下来，达不到滤波的效果。为了解决"伪门"问题，可适当减小采样间隔 Δt，使"伪门"出现在干扰波频率之外，或者在滤波之前，采用去假频滤波。

当脉冲响应函数 $h(t)$ 是有限长时，对应的频率响应函数 $H(f)$ 不再是一个理想的矩形门，而是接近于这种门的一条连续光滑的振荡曲线。这种现象称为吉普斯现象。由于吉普斯现象的存在，在通放带内，反射波的波形产生畸变，在压制区，干扰波滤不干净。

为了避免吉普斯现象，通常采用镶边滤波器。该方法是从频率域角度考虑问题，在矩形频率特性曲线的不连续点处镶上连续变化的函数 $g(f)$，形成镶边滤波器，使频率特性曲线变为连续的曲线。镶边带通滤波器的频谱 $H(f)$ 如图 12－1 所示。

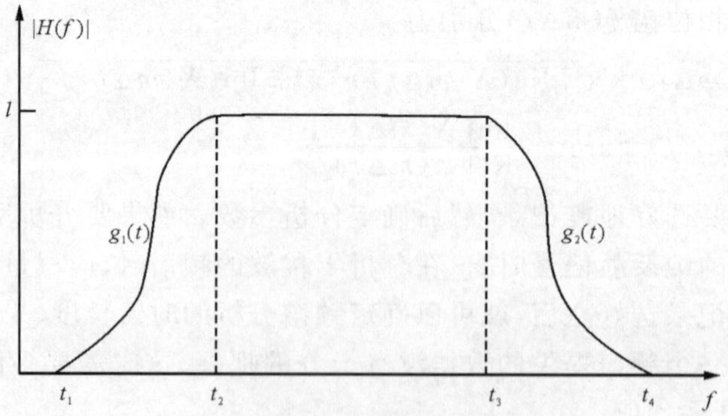

图 12－1　镶边带通滤波器的频率响应

其频谱响应为 $$H(f)=\begin{cases}1 & f_2\leqslant|f|\leqslant f_3\\ g_1(f) & f_1\leqslant|f|\leqslant f_2\\ g_2(f) & f_3\leqslant|f|\leqslant f_4\\ 0 & \text{其他}\end{cases}\qquad(12-5)$$

式中：f_1 和 f_4 分别称为低截止频率和高截止频率；f_2 和 f_3 分别称为低通频率和高通频率。镶边函数 $g_1(f)$ 和 $g_2(f)$ 要求满足条件：

$$\begin{aligned}&g_1(f_2)=g_2(f_3)=1\\&g_1(f_1)=g_2(f_4)=0\end{aligned}\qquad(12-6)$$

满足此条件的函数很多，如采用余弦镶边，其滤波器的频谱为：

$$H(f)=\begin{cases}1 & f_2\leqslant|f|\leqslant f_3\\ \dfrac{1}{2}\left(1+\cos\dfrac{|f|-f_2}{f_1-f_2}\pi\right) & f_1\leqslant|f|\leqslant f_2\\ \dfrac{1}{2}\left(1+\cos\dfrac{|f|-f_3}{f_4-f_3}\pi\right) & f_3\leqslant|f|\leqslant f_4\\ 0 & \text{其他}\end{cases}$$

四、实验步骤

(1)导入地震数据。本实例示范数据如图 12-2 所示。此数据是基于数值模拟的炮记录，子波主频为 15Hz。为了方便对比效果，在炮记录中加入了 50Hz 的噪声干扰。选取一道地震数据进行频谱分析，选取的地震道数据如图 12-3 所示，频谱分析结果如图 12-4 所示。可以看到能量主要分布在 0～40Hz，符合雷克子波的能量分布。在 50Hz 处的能量属于噪声干扰。

(2)设置滤波窗口。本示例中，使用低通滤波器，高通频率为 40Hz，截止频率为 50Hz，滤波器频率响应特征如图 12-5 所示。

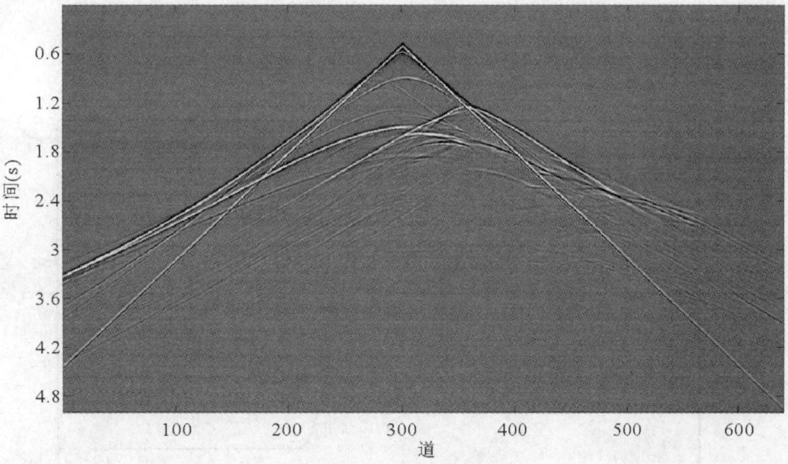

图 12-2　地震数据

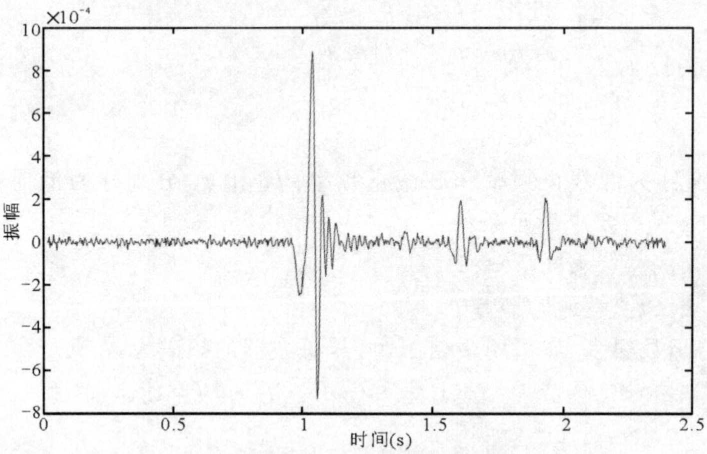

图 12－3　地震道

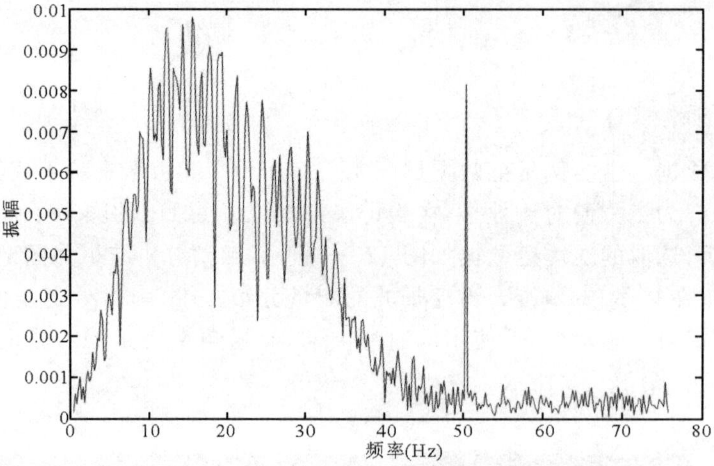

图 12－4　地震道频谱

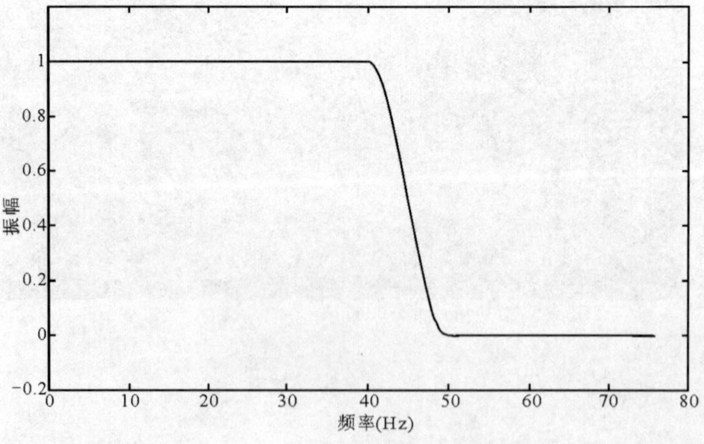

图 12－5　滤波器频率响应特征

(3)使用设置好的滤波器对地震记录进行逐道滤波。单道滤波后的频谱如图 12-6 所示，对滤波后的频谱进行傅里叶反变换，得到滤波后的地震道如图 12-7 所示。整个地震记录滤波后的结果如图 12-8 所示。

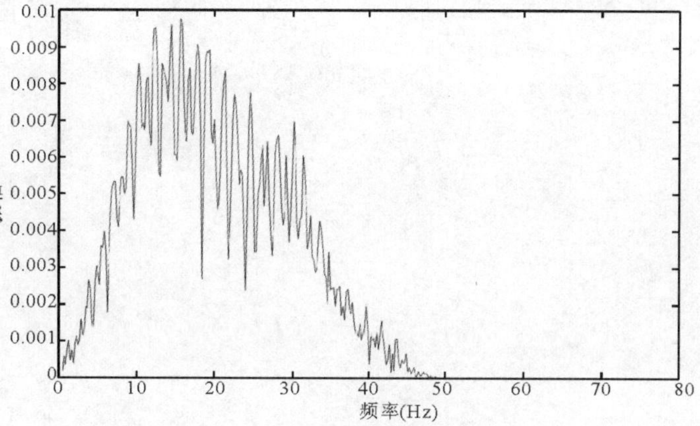

图 12-6　地震道滤波后频谱

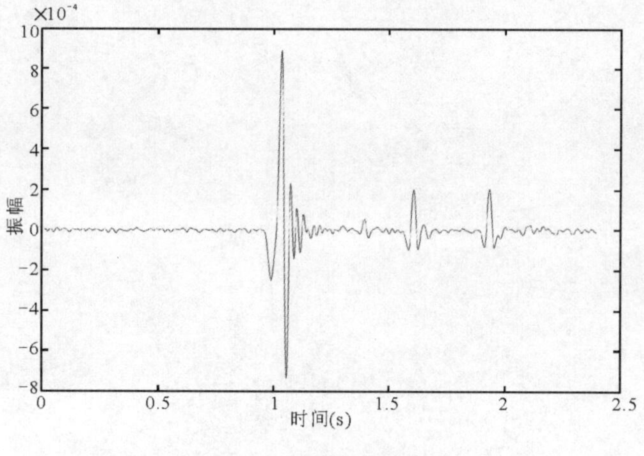

图 12-7　滤波后地震道

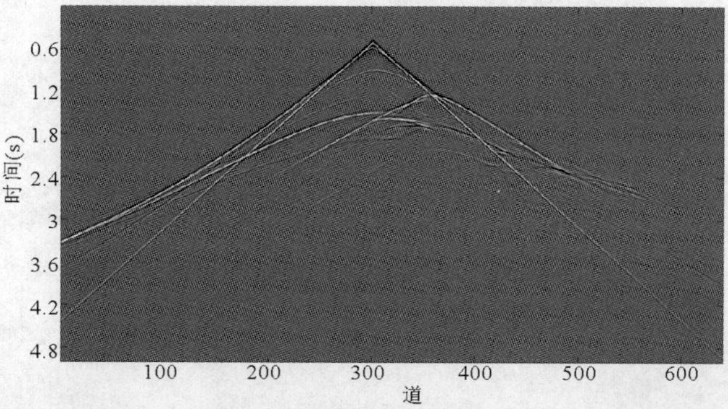

图 12-8　滤波后地震记录

五、实验报告内容

(1)实验目的。

(2)实验内容。

(3)实验步骤。

(4)实验成果。

实验十三 FK滤波

一、实验目的

掌握FK滤波的基本原理及流程。

二、实验内容

建立FK滤波处理流程。

三、实验原理

1. 频谱分析

频谱分析的目的在于了解有效波和干扰波的频谱和视速度分布范围，以便选取合适的滤波范围，压制干扰波，突出有效波，提高记录的信噪比。地震信号通过二维傅里叶变换，既可在时空域中表示，也可在频率波数域中表示，它的离散傅氏变换和逆变换可表示为：

$$\left.\begin{aligned} G(m\Delta f,l\Delta k) &= \Delta t\sum_{n=0,j=0}^{N-1,J-1} g(n\Delta t,j\Delta x)\mathrm{e}^{-i2\pi m\Delta f * n\Delta t}\mathrm{e}^{-i2\pi l\Delta k * j\Delta x} \\ g(n\Delta t,j\Delta x) &= \Delta f\sum_{m=0,l=0}^{M-1,L-1} G(m\Delta f,l\Delta k)\mathrm{e}^{i2\pi m\Delta f * n\Delta t}\mathrm{e}^{i2\pi l\Delta k * j\Delta x} \end{aligned}\right\} \tag{13-1}$$

式中：m、n、j、l均为整数。$m=0,1,\cdots M-1$；$n=0,1,\cdots N-1$；$j=0,1,\cdots J-1$；$l=0,1,\cdots L-1$。$N\Delta t=T$为频谱分析的时窗长度。则振幅谱$A(m\Delta f,l\Delta k)$和相位谱$\Phi(m\Delta f,l\Delta k)$分别为：

$$A(m\Delta f,l\Delta k)=\sqrt{\mathrm{Re}(G(m\Delta f,l\Delta k))^2+\mathrm{Im}(G(m\Delta f,l\Delta k))^2} \tag{13-2}$$

$$\Phi(m\Delta f,l\Delta k)=\arctan[\mathrm{Im}(G(m\Delta f,l\Delta k))/\mathrm{Re}(G(m\Delta f,l\Delta k))] \tag{13-3}$$

从一维频谱分析得知，一维频率域滤波可以有效压制在频谱上存在明显差异的面波和微震等干扰波。但是有些干扰波如声波、多次波等和有效波在频谱上重叠较宽，一维频率域滤波无法有效压制。因此，单独的频率域滤波和单独的波数域滤波都存在着不足，只有根据两者内在的联系，才能做到在所希望的频率间隔内、视速度为某一范围的有效波得到增强；同时，可对这个频带内的视速度为另一范围的干扰波进行压制。

2. 二维滤波

二维滤波是根据有效波和干扰波在视速度（或频率、波数）上的差异，设计滤波器的频波响

应函数 $H(f,k)$。若在频波域进行滤波，则可用滤波器的频波响应函数与地震记录频波谱对应点相乘，然后做反二维傅氏变换，即得滤波结果。若在时间域进行滤波，则可用滤波器的频波响应函数做反二维傅氏变换，求出时空域滤波因子，用它与地震记录进行二维褶积运算，即得二维滤波结果。

如图 13－1 所示，一般在有效波视速度很高，干扰波的视速度较低时，可以选图 13－1(a)的形状，即所谓的扇形滤波器；若地震有效波的视速度中等，可选图 13－1(b)的形状，即所谓切饼式滤波器；当地震有效波与干扰波除了存在视速度差异外，还存在频率的差异，这时可选图 13－1(c)或图 13－1(d)的形状，前者为带通扇形滤波器，后者称为带通切饼式滤波器。当确定了滤波响应后，就可以根据给定的 f,v 算出频波响应函数 $H(f,k)$。对 $H(f,k)$ 作二维傅氏反变换，就可以求出时间响应函数 $h(x,t)$。

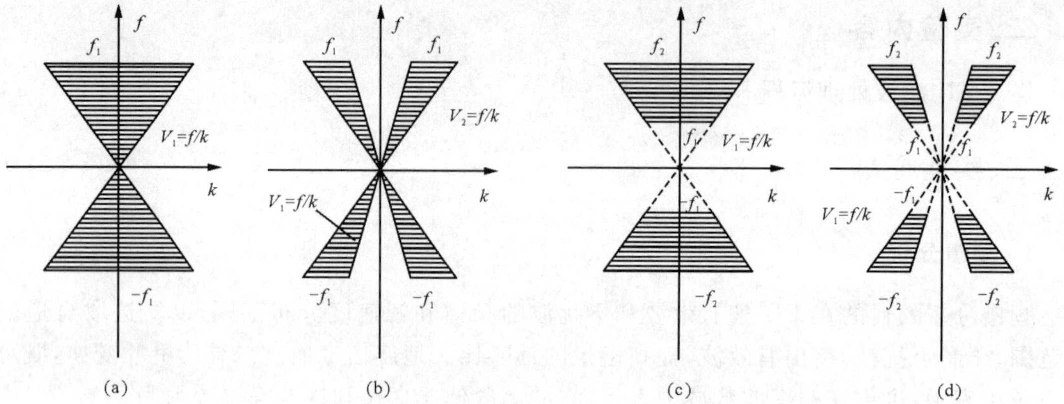

图 13－1　几种二维滤波器响应图

在二维滤波中，通常用扇形滤波或带通扇形滤波压制干扰波、提高信噪比。

(1)扇形滤波。对于视速度较低、频率较高的声波、多次波等干扰波，可采用扇形滤波，它的频率波数响应为：

$$H(f,k)=\begin{cases}1 & |f/k|\geqslant v_1,\ |f|<f_1\\ 0 & \text{其他}\end{cases} \tag{13-1}$$

通放带在 f—k 平面上构成由坐标原点出发，以 f 轴和 k 轴为对称的扇形区域，如图 5－1(a)所示。利用傅氏反变换可求出它的滤波因子为：

$$h(t,x)=\int_{-f_1}^{f_1}\int_{-|f_1|/v_1}^{|f_1|/v_1} e^{i2\pi(ft+kx)}\,\mathrm{d}f\,\mathrm{d}k$$

$$=\frac{1}{2\pi^2 x}\left[\frac{1-\cos 2\pi f_1\left(t+\frac{x}{v_1}\right)}{t+\frac{x}{v_1}}+\frac{1-\cos 2\pi f_1\left(t-\frac{x}{v_1}\right)}{t-\frac{x}{v_1}}\right] \tag{13-2}$$

(2)带通扇形滤波。对于视速度较低、频率也较低的面波等干扰波，可采用带通扇形滤波，如图 5－1(b)所示，它的频率波数域响应为：

$$H(f,k)=\begin{cases}1 & |f/k|\geqslant v_1, f_1\leqslant|f|<f_2 \\ 0 & 其他\end{cases} \tag{13-3}$$

相应的时空域滤波因子为：

$$h(t,x)=\frac{1}{2\pi^2 x}\left[\frac{\cos 2\pi f_1(t+\frac{x}{v_1})-\cos 2\pi f_2(t+\frac{x}{v_1})}{t+\frac{x}{v_1}}+\frac{\cos 2\pi f_1(t-\frac{x}{v_1})-\cos 2\pi f_2(t-\frac{x}{v_1})}{t-\frac{x}{v_1}}\right] \tag{13-4}$$

与一维频率滤波一样，二维视速度滤波同样存在伪门现象和吉普斯现象，也可以采用镶边滤波器法来解决，但因是二维函数，情况复杂得多，通常只采用减小采样间隔（包括时间采样间隔 Δt 和空间采样间隔 Δx）和增大计算点数（包括时间、空间二方向上的点数 N 和 M）的方法。

二维滤波可在频率波数域进行，也可在时空域进行，目前常用 F－K 滤波法。F－K 滤波是在频率波数域进行的二维滤波。这种滤波的基本思想是：首先将地震记录做二维傅氏变换，求出频波谱；根据频波谱的特点，设计二维滤波器的频波响应函数；在频波域中进行二维滤波，即计算地震记录的频波谱与滤波器的频波响应函数之积；将所得结果做二维傅氏反变换，即可得到二维滤波结果。

四、实验步骤

(1)显示要进行滤波的地震记录图（图 13－2）。

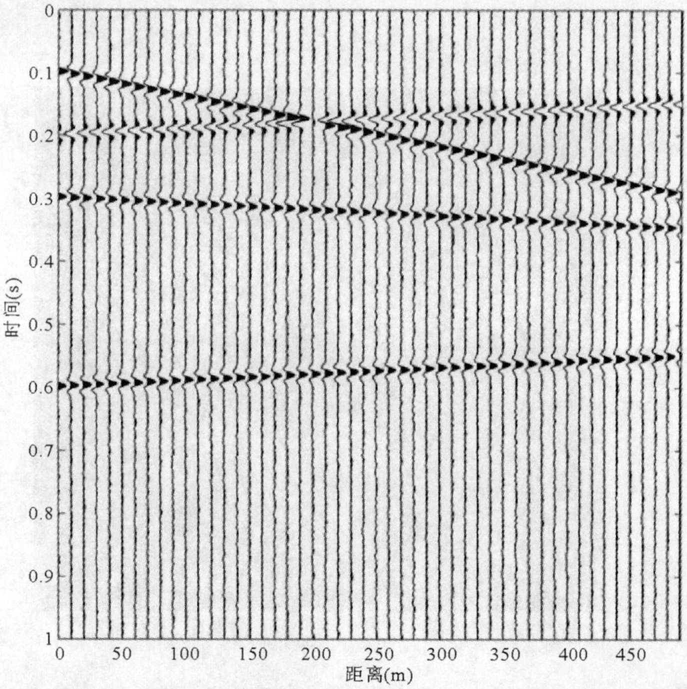

图 13－2　地震记录图

(2)计算地震记录的 F-K 谱,如图 13-3 所示。

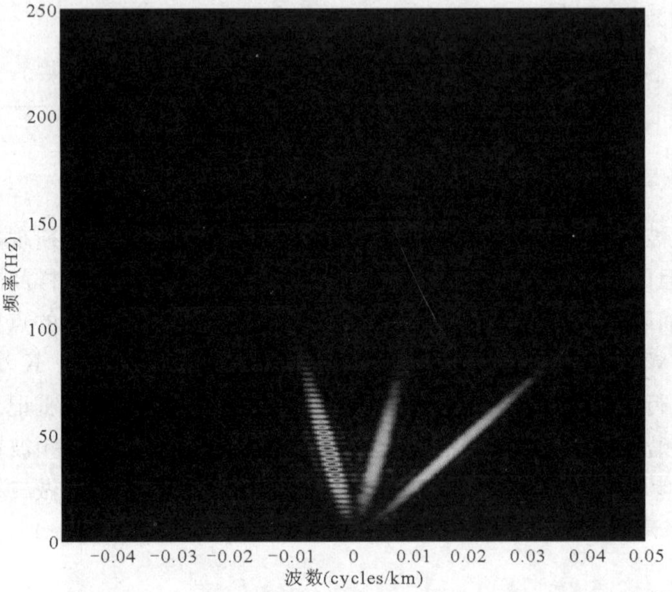

图 13-3　F-K 域谱函数

(3)设定相应的滤波器响应函数,对如图 13-3 所示的谱函数进行滤波。结果如图 13-4 和图 13-5 所示。

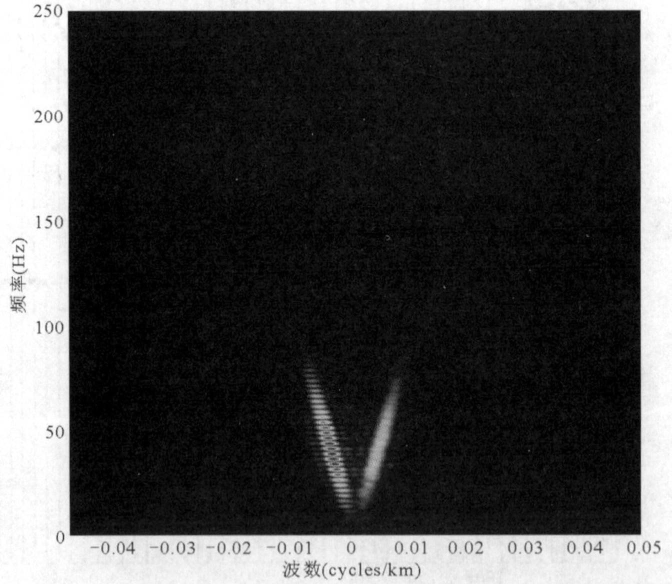

图 13-4　F-K 域的滤波后的谱函数 1

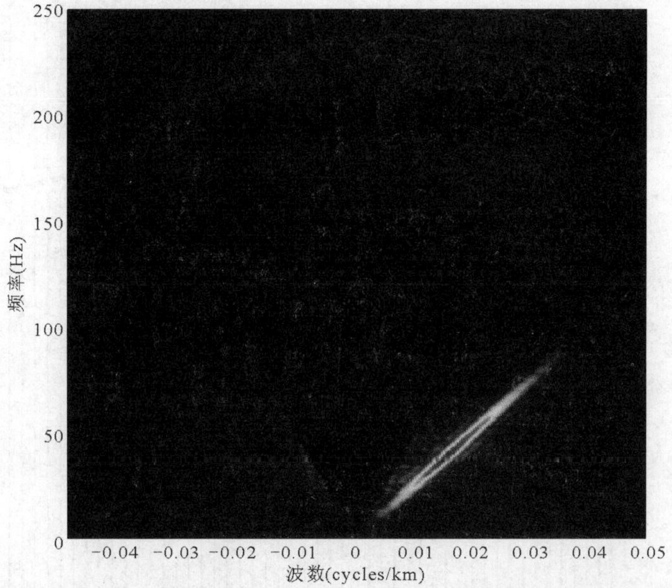

图 13-5　F-K 域的滤波后的谱函数 2

(4)基于滤波后的谱函数,进行傅里叶反变换,得到滤波后的地震记录图,结果如图 13-6 和图 13-7 所示。

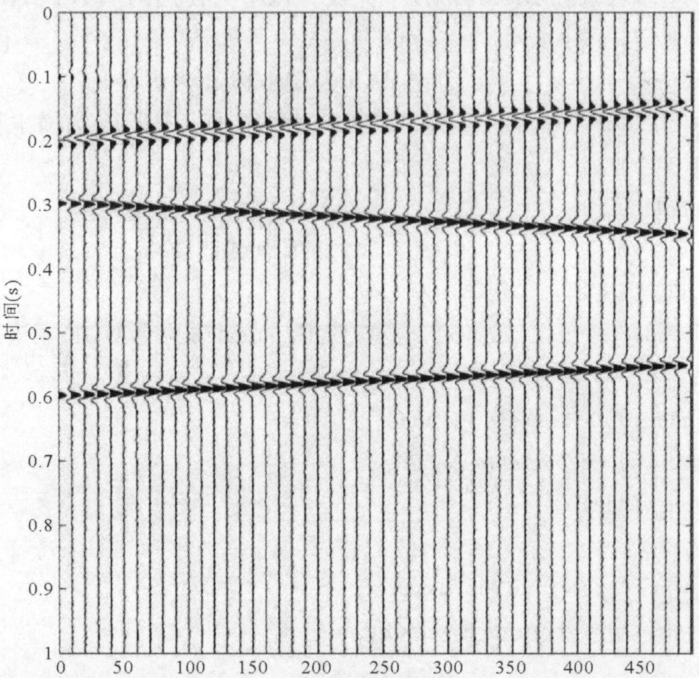

图 13-6　滤波后地震记录图 1

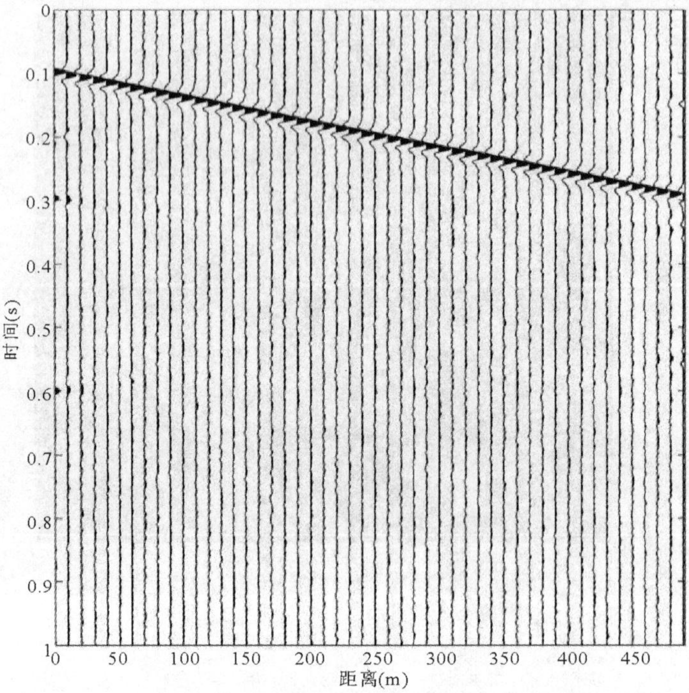

图 13-7　滤波后地震记录图 2

以上所有的实验步骤均在 MATLAB 中完成。以下为使用的 MATLAB 代码：

①读取及显示地震记录：

```
[d,h,t]= linear_events;    %d 为记录,h 为横坐标,t 为纵坐标
dt = t(2)- t(1); dx = h(2)- h(1);    %dt 为纵坐标间隔,dx 为横坐标间隔
wiggle(h,t,d,'VA')
xlabel('Distance(m)')
ylabel('Time(s)')                          %显示地震记录
```

②计算 F-K 谱,并显示：

```
[S,k,f] = fk_spectra(d,dt,dx,6);      % fk_spectra 为计算 fk 频谱的子函数
sze=size(S);
imagesc(k,f,S(sze(1)/2:sze(1),:));
xlabel('Wavenumber(cycles/km)')
ylabel('Frequency(Hz)')
```

```
function [S,k,f] = fk_spectra(d,dt,dx,L);
%FK_SPECTRA: FK spectrum of a seismic gather.
%
%  [S,k,f] = fk_spectra(d,dt,dx,L);
%
```

```
%  IN   d:      data (traces in columns)
%       dt:     time interval
%       dx:     spatial increment between traces
%       L:      apply spectral smoothing using a separable
%               2D Hamming window of LxL samples
%
%  OUT  S:      FK spectrum
%       f:      freq axis in Hz
%       k:      wave-number spectrum in cylces/m (if dx is in meters)
%
%  Note: when plotting spectra (S)  use log(S) or S.^alpha (alpha=0.1-0.3)
% to increase the visibility of small events
%
%  Example:
%
%    [d,h,t] = linear_events; dt = t(2)-t(1); dx = h(2)-h(1);
%    [S,k,f] = fk_spectra(d,dt,dx,6); imagesc(k,f,S);
%
%


[nt,nx]=size(d);


nk = 4*(2^nextpow2(nx));
nf = 4*(2^nextpow2(nt));


S = fftshift( abs(fft2(d,nf,nk)) );
H = hamming(L)*hamming(L)';
S = conv2(S,H,'same');


f = (0:1:nf/2)/nf/dt;
k = (-nk/2+1:1:nk/2)/nk/dx;


return;
```

③设定滤波器(根据具体情况,自由设定):

```
for i=1:2048
    for j=1:256
        if (i==128 && j==1024)
```

```
                WH(i,j)=1;
            else
                angle=atan2(i-1024,j-128);
                angle=angle*180/pi;
                if ((angle>=82.5 && angle <=97.5) || (angle>=-97.5 && angle
<=-82.5))
                    WH(i,j)=0;
                else
                    WH(i,j)=1;
                end
            end
        end
    end
    SS=S.*WH;      %SS 为滤波后的 fk 谱
    figure(3);imagesc(k,f,abs(SS(sze(1)/2:sze(1),:)))
    xlabel('Wavenumber(cycles/km)')
    ylabel('Frequency(Hz)')        %显示滤波后的 fk 谱
```

④反变换回 $t-x$ 域,显示滤波后的波形:

```
dfk=ifft2(ifftshift(SS));
figure(5); wiggle(h,t,real(dfk(1:501,1:50)),'VA')
```

五、实验报告内容

(1)实验目的。
(2)实验内容。
(3)实验步骤。
(4)实验成果。

主要参考文献

刘天佑.应用地球物理数据采集与处理[M].武汉:中国地质大学出版社,2004.
张胜业，潘玉玲.应用地球物理学原理[M].武汉:中国地质大学出版社,2004.
何樵登，韩立国，王德利.地震勘探[M].北京:地质出版社,2009.
陆基孟，王永刚.地震勘探原理[M].东营:石油大学出版社,2009.
钱绍瑚.地震勘探原理[M].武汉:中国地质大学出版社,1989.
王传雷.地球物理学北戴河教学实习指导书[M].武汉:中国地质大学出版社,2012.
李红星，方根显，谢尚平.地震勘探实习实验指导书[M].北京:中国原子能出版社,2012.
朱良保.地震学实习教程[M].武汉:武汉大学出版社,2010.

附件一　RSM－SY5 仪器使用说明

一、程序环境要求

《RSMSY5 声波仪检测程序》对计算机的要求为：CPU 主频不低于 133MHz，内存不小于 16M，工作平台为简体中文版 Windows95 及以上版本，用户应熟悉 Windows 平台的基本概念与操作。

二、程序的安装与运行

1. 程序的安装

在 Windows 95 平台上，进入资源管理器，将 1# 安装盘放入软驱，在相应驱动器符号上点鼠标左键，找到 SETUP. EXE 安装程序。

2. 程序的运行

在 Windows 95 资源管理器内找到已安装的目标子目录，鼠标双击其中的"RSMSY5. EXE"程序即可运行本程序。本程序的安装程序也将在开始菜单的程序组内生成一个"RS-MSY5"工程组，用鼠标单击此工程组也可使程序运行。

三、信号采集

在启动仪器采集记录信号之前，应根据任务的类型设置主操作窗体上的仪器状态参数，而后以鼠标单击"采集 S"命令按钮，或敲击键盘"S"键。

1. 校零与修正

(1)校零：读取声时扣除检测系统造成的延时，才能得到准确的待测值，这种扣除检测系统延时得到准确声时的过程称为校零。

本程序校零的方法为：在采集记录波形时，将波形中对应检测系统延时的部分"截去"，从而得到的波形相当于无检测系统延时情况下的波形。但由于"校零"只发生在"采集"过程，并且对数据的"截取"是不可恢复的，因此要求用户在采集记录之前对检测系统的延时进行准确地测试。

用户应将检测系统 CH1 通道的延时，输入参数设置窗体上"校零"分组框内的 T10 文本框内，CH2 通道的延时输入 T20 文本框内。

(2)修正：已记录的数据如被证实当初设置的"校零"值有误，作为补救，可以对波形数据进行修正。

在参数设置窗体上的校零分组框中的修正文本框内输入修正值，程序将对数据对应的声时值进行修正，扣除设定的修正值对应的时段，与“校零”时采用的“截去”方法不同，“修正”时采用的是移动坐标轴的方法以达到修正的目的。

上述(1)项“校零”只发生在数据采集时，与后续的数据读取无关，而(2)项“修正”只发生在数据读取时，与数据采集时无关。修正值是不与数据同时存盘记录的，而仅仅是一种对现场记录有误时的一种补救措施，因此用户仍应以现场使用准确的“校零值”为主。

2. 触发方式与阈值

(1)触发方式。

①INT 方式：由仪器在发射声波时自动触发数据采集系统称为内触发(INT)方式，通常使用同一台仪器发射声波，并接收此声波的检测方式使用内触发方式。使用内触发方式时，由于数据记录系统是自动触发的，因此与接收信号无关。

②EXT 方式：有时需记录的信号并不是用于信号采集的声波仪发射的，例如用力锤击发的声波，此时若需记录的信号声时准确，应有一个准确的同步信号来触发仪器的记录系统，这种情况通常使用外同步触发(EXT 方式)。使用 EXT 方式时应将外同步信号连接到仪器正面面版右侧的 EXT 信号插座上，当外同步信号的电平值达到触发阈值时，仪器的采集系统开始采集记录数据。

③CHl 方式：如果只需记录波形的相对变化，并不关心激发波形的绝对时刻，可以用待测信号本身触发信号采集系统(CH1 方式)。

(2)触发阈值。上述 EXT 方式和 CHl 方式都是通过仪器以外的信号来触发仪器的采集记录系统，而外接信号时干扰总是不可避免地存在着。为防止仪器误触发，应根据检测现场的干扰情况相应地设置触发阈值。使用时应根据信号类型，在主操作窗体上的仪器状态区内指定触发方式及相应的触发阈值。

3. 记录通道

使用 INT 方式时，可以只记录 CH1 通道上的波形信号，也可以同时记录 CH1、CH2 两个通道上的信号。

在使用 EXT 方式和 CH1 方式时，都只能记录 CHl 通道上的波形，在按下“采集 S”命令按钮后主操作窗体上会出现一个彩色滚动条，表明仪器正处在等待状态，当 EXT 信号或 CH1 信号超过设定的触发阈值时，仪器才启动记录系统完成采集记录过程。

使用单通道采集时，在参数设置窗体上选择“单通道”选项按钮，使用双通道采集时，在参数设置窗体上选择“双通道”选项按钮。

4. 增益与放大

(1)增益：仪器电路对输入信号的放大倍数。该项参数是对硬件的设置参数。通常在实际检测中应尽量选择较大的增益值，因为仪器采集记录电路不可避免地含有背景噪声，这种噪声通常与待测信号的大小无关，尽量地将待测信号放大后采集记录将有效地提高采集信号的信噪比。

在将增益设定为“自动”时，实际记录采用的增益值将会根据前一次采集记录的结果做相应地调整，调整的方法为：①如前次记录超量程，本次记录时将增益值减小10倍。②如前次记录最大值不足量程的1/10，本次记录时将增益值增大10倍。③其他情况则增益值不变。

设置“自动”：如不允许超量程（出现“削波”现象），并且以观察波形的相对变化为主要目的，不关心幅值的绝对物理量值，应将增益设为“自动”。此时连续采集波形数次后，可以得到增益值最为合适的数据采集结果，并且将数据以归一化形式显示出来。

设置确定值：如希望了解波形之间的幅值变化，应将增益设置为某确定值，此时波形不以归一化形式显示，而是以选定增益对应的量程为满幅值显示。以便于用户观察各波形间的幅值变化。

(2)放大：对已采集的数据在屏幕显示时的显示放大倍数。该项参数只是对软件的设置参数，是一种视觉上的放大，并不会提高波形的信噪比，仅仅是一种用于观察的手段。

应特别注意的是，增益设置为“自动”时，波形显示是归一化方式，放大也是在归一化显示基础上的放大。而增益设置为确定值时，波形显示是满量程方式，放大也是在满量程显示基础上的放大。

使用时应根据需要在主操作窗体上的仪器状态设置区域内确定“增益”的设置内容和“放大”的设置内容。

5. 高通滤波与低通滤波

应根据使用的传感器的工作频率选择适当的高通与低通滤波截止频率，通常选择的高通截止频率应较传感器工作频率低一个量级，低通截止频率应较传感器的工作频率高一个量级。应特别注意的是，如果选择EXT或CH1触发方式采集记录锤击方式激发的声波信号（例如桩基低应变反射波法检测时锤击激发的反射波信号），通常应将高通滤波截止频率选择为0.01kHz，低通滤波截止频率应放在1kHz。

使用时应根据信号的频率带特性，在主操作窗体上的仪器状态设置区域内适当设置高通截止频率和低通截止频率。

6. 记录长度、采样周期与采样延迟

(1)记录长度：指定采集记录系统记录一个波形时采集的数据总量。记录长度的增加将占用大量的计算机资源（增加通信时间，占有较大的内存，存盘时需较大的磁盘空间等）。因此使用时应掌握的原则是：在满足检测任务需要的前提下，尽量减少记录长度。

(2)采样周期：指定采集记录系统采集记录数据的时间间隔，对应记录波形的时间分辨率。

记录长度与采样周期共同决定记录波形的时段宽度：记录时段宽度＝采样周期×记录长度。如果需记录的时段宽度为某一确定值，若要求提高时间分辨率，则应减小采样周期，同时增加记录长度，此时由于记录长度的增加，将降低执行效率。因此，检测时应根据任务类型确定适当的时间分辨率与记录时段宽度。

(3)采样延迟：指定采集记录系统记录一个波形的起始时刻。

通常记录时，以发射声波的时刻为零时刻。而记录的波形往往来自于远离发射点的接收传感器所在的位置，如果在发射零时刻开始记录，声波由发射点传播到接收传感器位置的这段时间内，记录到的数据均为无效信号。如发射点与接收位置较远，只有增大记录时段宽度才能记录到待测的有效信号，此时只可能采取两种方法：①加大采样周期，降低时间分辨率。②加大记录长度，降低记录系统的执行效率。

设定延迟时间的目的之一就是解决上述矛盾：既不降低时间分辨率，也不增加记录长度，而是延迟记录的时刻，尽量减少无效信号的记录。此种延迟称为正延迟，即开始记录的时刻晚于发射声波的时刻。

设定延迟时间的另一个目的是在以 EXT 方式或 CH1 方式触发采集记录时，保证记录波形的完整性。在以 EXT 方式或 CH1 方式触发时，因为触发信号往往就是有效信号本身，如触发信号达到触发阈值时才开始记录，则实际记录的波形中将缺少触发信号从零变化到触发电平值这段时间对应的波形，只有保留达到触发电平值之前的某时间段的数据（相当于提前开始采集记录），才能得到完整的波形。此时延迟值为负值，称为负延迟（或前置），即开始记录的时刻早于触发时刻。

使用中应根据需要，灵活设置主操作窗体上仪器状态设置区域内的“记录”“延迟”“采样”三项参数。

7. 发射电压与脉宽

（1）发射电压：声波仪是通过在发射传感器上施加一个电压，通过突然放电的方式导致压电元件的几何尺寸发生改变发射声波的。施加的电压越高，放电时压电元件的几何尺寸变化越大，发射出的声波能量也越大。因此发射电压实际上是与发射能量相关联的，实用中通常在满足需要的情况下应首先选择较低的发射电压（本仪器为 500V），在发射与接收跨距较大，低压发射的声波不能透射时，才选择高压（本仪器为 1000V）发射声波。

（2）发射脉宽：发射过程是一个放电过程，放电过程的时间长短为发射脉宽。放电会导致压电元件的几何尺寸突然发生变化发射出声波，停止放电将导致压电元件上的电压迅速恢复（充电），仍然会使压电元件的尺寸发生突然的改变从而发射出声波。可见控制发射脉宽实际上控制的是放电与充电两个过程发射出的声波的叠加相位关系，从而达到控制输出波形，突出初至波特征的目的。

通常在并不考虑发射声波的相位关系时，不宜将发射脉宽放得过小，否则放电时间过短，放电不充分，发射的声波能量也将减少。

使用时应根据需要设置主操作窗体上的仪器状态设置区域内的“脉宽参数”和参数设置窗体上的“电压”选项按钮。

8. 连续采集

传统的模拟声波仪用扫描显像管的方式显示波形，声波的发射与接收显示过程并不能保存数据，必须连续不断地进行，显像管上才能始终显示出波形，传感器的移动、仪器状态设置的变化均会立刻直观地反映到显示出的波形上。数字声波仪不需要以连续采集的方式来保证波形数据的显示，但考虑到以连续采集方式采集并显示波形，可以迅速直观地反映出各仪器状态参数的影响，本程序仍然提供“连采”（连续采集）工作方式。

对于 EXT 和 CH1 触发方式，由于通常接收的信号并不是由声波仪控制发射的，使用连续采集过程的意义不大。

使用中如需要进行连续采集的工作方式，应在参数设置窗体上标有“自动”字样的分组框内选择“连采”复选框。如需进行单次采集,应取消对“连采”复选框的选择。

9. 加权叠加

实际检测时,干扰噪声总是不可避免的,在有效信号较弱时(或选择的增益值过小时),采集记录的波形信噪比较低,此时可采用叠加的方式提高信噪比。

加权叠加的原理是检测对象与检测环境不变时,有效信号具有可靠的重复性,噪声信号则是一种随机信号(白噪声),多次重复采集记录结果的叠加将使有效信号得到加强,而随机信号将会相互抵消不能得到加强,从而提高信噪比。

实际使用叠加方法时应注意“检测对象与环境不变”这一前提条件,如果用以叠加的各个波形来自于不同的检测对象,或检测中检测环境发生了较大的变化,此时叠加将无意义。

在使用中如需用叠加方法增强信号的信噪比,应选择主操作窗体上的仪器状态设置区域内的“加权叠加”复选框,如不需要叠加方法,则应取消对“加权叠加”复选框的选择。按键盘“D”键,也可启动或取消叠加功能。

四、波形显示与分析

1. 波形的显示模式

(1)显示频谱曲线:如果需要观察或打印显示在波形图片框内的波形段对应的频谱曲线,应在参数设置窗体上标有“频谱”字样的分组框内选择“CHlFFT”“CH2FFT”复选框。此时将在波形图片框上,另开频谱图片框时实显示波形段对应的功率谱。

显示的频谱曲线可以设定细化倍数,提高曲线的频率分辨率,以便读取特征频率值。如需设置细化倍数,应在主操作窗体上的仪器状态设置区域内的“频谱细化”组合框上选择适当的细化倍数。

(2)加网格:在波形图片框上加上与绝对坐标轴大标签对应的虚线。通常显示波形时均应“加网格”。但计算机显示网格需要占用一定机时(主频为 133MHz 的计算机在一个波形图片框上加入网格约需 0.1s),因此连续采集时如果需要加快采集显示过程。可以取消“加网格”复选框的选择。

(3)颜色:如需改变图片框的背景颜色,用鼠标单击参数设置窗体上标有“颜色”字样的分组框内的“背景色”图片框,将出现 Windows 95 标准调色板,用户可以任选一种颜色作为图片框的背景颜色。如需改变波形曲线(和频谱曲线)的颜色,用鼠标单击“颜色”分组框内的“曲线色”图片框,将出现 Windows 95 标准调色板,用户可以任选一种颜色作为波形曲线的颜色。

2. 波形的显示操作

(1)幅值放大:在主操作界面上的仪器状态设置区域内的“放大”组合框内设置放大倍数,程序将根据设置的放大倍数放大显示波形。

(2)波形平移:如果当前显示的波形段不是波形的全部,可以通过鼠标单击主窗体上波形显示区域内的水平滚动条左右两侧的方法实现波形的左右平移,鼠标点水平滚动条的滑槽,一次平移 512 个显示点(注:当前可见的显示波形段为 512 个显示点),鼠标单击水平滚动条两端的三角标志,一次平移 32 个显示点。

(3)波形时间轴压缩与展开：以鼠标左、右键分别单击主操作窗体上波形显示区域内的绝对坐标轴可以实现波形的时间轴压缩与展开。执行波形时间轴压缩操作需要一个前提：在采集的波形数据中，排在当前显示的波形段数据之后的(尚未显示出来的)数据不少于当前显示波形段对应的数据，即在显示出的数据之后有足够多的数据供压缩后显示。

第(1)与(3)项操作具有某种关联：当前显示的波形为 512 个显示点，由于可能进行过时间轴的压缩与展开，每个显示点对应的数据点不一定相同，这与时间轴的压缩状态有关，波形平移操作是在保持压缩状态不变的情况下，以显示点为单位移动波形的显示段的。进行波形平移操作后，当前显示的波形段对应的起始时刻称为显示延迟，波形时间轴压缩与展开操作也是在不改变显示延迟的情况下进行的。事实上显示延迟与时间轴的压缩状态是由用户进行的波形显示操作分别决定的，进行一种操作(如波形平移)不能改变另一种操作(如时间轴压缩)的结果，这实际上是反映一种以人为本的程序设计思想。

(4)积分：在进行某些检测(如以 CH1 触发方式进行的压电式加速度计记录反射波)时，需要观察积分后的速度波形。应选择参数设置窗体上标有"自动"字样的分组框内的"积分"复选框，此时显示的波形为采集记录波形经积分后的波形，波形图片框上会显示出"积分波形"字样。

应特别强调的是，积分后的波形是以归一化方式显示的，它的幅值仅有相对意义。

不需要显示积分波形时，应取消参数设置窗体上对"积分"复选框的选择。

3. 指定当前波形图片框

(1)鼠标方法：用鼠标单击主操作窗体上波形显示区域内的任一个波形图片框，可以把此图片框指定为当前波形图片框，并且此图片框具有焦点，可以接收键盘用以移动时标线的指令。

(2)键盘方法：按动键盘"F9"键，可以在两个波形图片框之间来回移动焦点，并将具有焦点的波形图片框指定为当前波形图片框。

当某图片框被指定为当前图片框时，它对应的数据显示区域 2 中的"撤消"标签的背景色为浅蓝色。

4. 移动时标线与频标线

(1)移动时标线。①键盘方式：在波形图片框具有焦点时(其他控件具有焦点时，按键盘回车键，程序可以把焦点移到当前波形图片框)，按动键盘"→""CTRl＋→""AlT＋→"将分别把时标线从当前位置向右移动 1 个显示点、10 个显示点、100 个显示点。按动"←""CTRL＋←""AlT＋←"键将分别把时标线向左移动 1 个显示点、10 个显示点、100 个显示点。②鼠标方式：任意时刻，在波形图片框上移动鼠标，都将带动图片框内的时标线跟随鼠标移动。

在移动时标线时，时标线对应的数据序号、数据幅值、时标线对应的时刻、物理幅值，根据时刻和跨距计算出的速度均会显示在对应的标签栏。

在尚未读取 Tp、Vp 时，如果已输入了跨距，纵波波速标签栏内将显示出根据时标线对应时刻和跨距计算出的波速，如已读取了 Tp、Vp，此时横波波速标签栏内将显示出根据时标线对应时刻和跨距计算出的波速。

(2)移动频标线。移动频标线的方式只有鼠标方式一种，在 FFT 图片框被打开时，在

FFT 图片框上移动鼠标将带动 FFT 图片框内的频标线移动。

5. 读取数据

(1)Tp:①在当前波形图片框具有焦点时,按下“T”键,时标线对应的时刻被读取为纵波声时 Tp。②以鼠标带动时标线移动时,鼠标位置与时标线位置是一致的,此时按动鼠标左键,时标线对应的时刻也将被读取为纵波声时 Tp。

(2)Vp:如果读取某通道纵波声时 Tp 时,对应的该通道发射传感器与接收传感器的跨距已输入在跨距文本框内,则自动计算出相应的纵波波速 Vp,并显示在对应的 Vp 标签栏。

(3)Ts:①如果已读取了 Ts,在当前波形图片框具有焦点时,按下“B”键,时标线对应的时刻被读取为横波声时 Ts。②以鼠标带动时标线移动时,如已读取 Tp,则按下鼠标右键,时标线对应的时刻将被读取为横波声时 T。

(4)Vs:如果读取某通道的横波声时 Ts 时,对应的该通道发射传感器与接收传感器的跨距已输入在跨距文本框内,则自动计算出相应的横波波速 Vs,并显示在对应的 Vs 标签栏。

注意:(3)、(4)项数据读取是有条件的,即只有在读取过 Tp 后,才能读取 Ts。

(5)Ap:在读取过 Tp 后,才能读取纵波首波幅值 Ap。①读取 Tp 后,按下“CTRL+T”键,时标线位置对应的数据物理幅值(即已换算的接收传感器输入的电压值)被读取为纵波首波幅值。②以鼠标带动时标线移动时,按下“CTRL”键的同时按下鼠标左键,时标线位置对应的数据物理幅值被读取为纵波首波幅值。

(6)As:在读取过 Ts 后,才能读取横波首波幅值 As。①读取 Ts 后,按下“CTRL+B”键,时标线位置对应的数据物理幅值(即已换算的接收传感器输入电压值)被读取为横波首波幅值。②以鼠标带动时标线移动时,按下“CTRL”键的同时按下鼠标右键,时标线位置对应的数据物理幅值被读取为横波首波幅值。

五、RSMSY5 声波仪操作注意事项

(1)连接 RS-232 通信电缆或任何换能器,一定要关闭采集仪的电源。

(2)采集仪的开、关机操作顺序。

对计算机与采集仪的开关顺序没有要求,只要关闭采集仪后就可接插电缆。

开机过程:连接换能器输入电缆+插 RS232 通信电缆+连接电源输入电缆+开采集仪。

关机过程:关采集仪一拨电源输入电缆+拨 RS232 通信电缆+拨换能器输入电缆。

(3)灯的显示。

①开机后首先观察仪器前面板左下方的电源指示灯,由红转绿,表明输入电源正常。如果始终是红色,说明电压偏低,应检查电源盒的输出电压是否正常。在带负载的情况下,电源盒的输出电压在 11.5～14V 为正常。前面板右侧的指示灯要在与计算机联机后,才按设置的显示。

②采集仪中上方为工作状态指示灯,停机时为红色,连续采集该灯也应连续闪烁。

③采集仪前面板上方最右边的“外触发方式”灯。要在采集仪设置为外触发工作方式时,才按所设置的不同方式,显示不同的颜色,否则灯是不亮的。

(4)换能器。

①压电或换能器的内芯,是由压电陶瓷晶体组成,所以严禁摔碰。

②因工作后发射换能器的连接头内残存有发射电压，为避免再工作时误接接收口而导致内芯陶瓷晶体受损，建议每次拔插换能器接头时，先进行放电，方法为：将换能器接头处的内外芯短路。

③单孔或跨孔检测时，尽量避免导线在孔口摩擦，以延长使用寿命。

(5)电源电压。

当工地的电源电压波动太大或是干扰太大时，应加稳压电源，或使用干电池工作。因计算机用电池工作的时间有限，可在采集时将计算机的直流电插头拔下，采集完毕再插入。

(6)采集波形。

①使用 RSMSY5 程序，输入仪器参数(改变仪器工作状态)时，通常应按“回车”键表示输入完成，此时程序会把焦点移到主操作窗体上。如不按“回车”键，后续用户输入的指令有可能被认为是前次输入尚未完成的部分。

②采集过程中，如带电拔插 RS－232 接口，容易造成 RS－232 接口芯片的损坏，使仪器与计算机无法通信，采集时会显示“复位无应答，请检查通信口、波特率设置及硬件设备。”

③采集时建议采用低压发射，如遇工地信噪比太差，则可改用高压发射及接地线等方法采集有效波形。

附件二　超声地震物理模拟实验数据采集系统使用说明

超声地震物理模拟实验是将野外的地质构造和地质体，按照一定的模拟相似比制作成物理模型，并用超声方法对野外地震勘探方法进行模拟的一种地震模拟方法。超声地震物理模拟实验，即在已知地震地质模型的条件下，获取地震物理模型观测数据。它是根据模型介质在其几何参数和物理参数满足相似比原理和对应原则的基础上开展的一种科学研究方法，根据研究对象的地质地震参数建立一个物理模型，然后对模型进行模拟地震观测并对观测数据进行处理分析。主要利用物理模型验证数学计算方法和用物理模型验证相关理论。

一、超声地震物理模拟实验数据采集系统构成

超声地震物理模拟实验系统主要由三维坐标仪系统和数据采集系统构成。三维坐标仪系统是进行超声地震物理模拟实验的一套高精度、高速连续数据采集设备，如图 1 和图 2 所示。

图 1　三维定位仪机械装置图

图 2　三维定位仪系统控制柜

三维坐标仪系统是由移动臂机械装置、测头定位机械装置、电气设备、激发接收装置、数据采集装置和计算机构成，由计算机控制所有操作过程，从功能上可分为三大部分：发射和接收

系统、定位控制系统和数据采集系统。它的基本组成如图 3 所示。

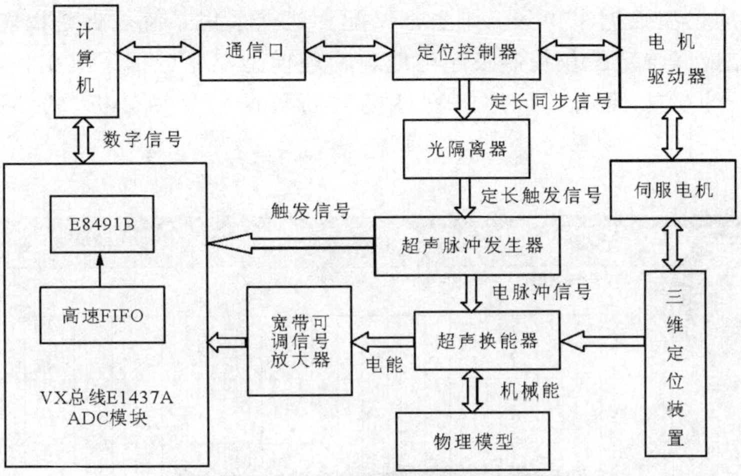

图 3　地震物理模型高速连续数据采集工作原理框图

三维定位系统要在测量中准确、快速地定位超声波发射和接收测头到确定的目标，实施对物理模型的地震信号的模拟采集。整个系统由伺服电机驱动的移动臂机械装置、电气设备构成，通过 6 个单轴控制单元控制伺服电机，操作员使用计算机通过接口指挥三维定位系统工作。

采集装置主要由电脉冲信号发生器、A/D 转换卡和超声波换能器组成，计算机要通过机械装置返回的信号激发电脉冲信号发生器和 A/D 转换卡的脉冲信号，通过在探头处由超声换能器将电脉冲与超声波信号互相转换进行发射和采集。

三维坐标仪的坐标系统按照实际位置定义如图 4 所示，它是双三维坐标系统，Y 正向朝南，箭头表示各轴的正方向，其中 $X1$、$Y1$、$Z1$ 确定接收探头空间坐标位置，$X2$、$Y2$、$Z2$ 确定发射探头空间坐标位置。

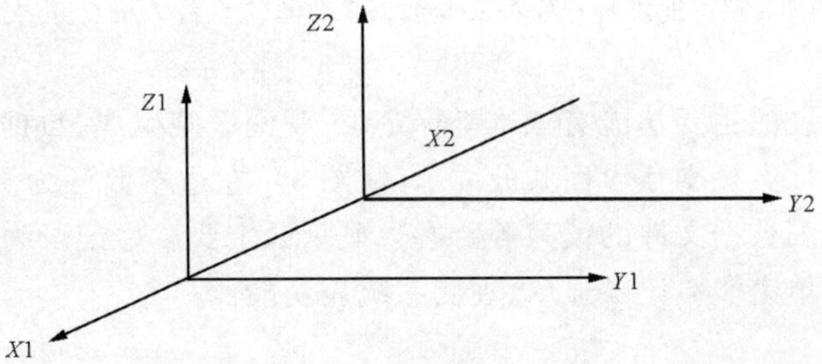

图 4　三维坐标仪的基本坐标系统

地表数据模拟采集采用连续采集方式，坐标轴的运行速度与采样时间匹配，电脉冲信号发生器和 A/D 转换卡的脉冲信号在探头处通过超声换能器转换为超声波信号模拟野外地震波信号，接收到的超声波信号再通过超声换能器转换为电脉冲，由采集卡采集到的数据流记录为地震道数据。

三维坐标仪及采集系统是超声地震物理模拟高速连续采集系统，可模拟地面二维、三维地震等各种地震地质模型数据采集。三维坐标仪配套数据采集系统软件是以图形、图表驱动的软件系统，主要完成三维定位仪控制及超声地震物理模型实验数据采集工作。用户通过窗口设置和调整参数，十分方便地进行地震物理模型的数据采集和分析，软件运行界面如图 5 所示。

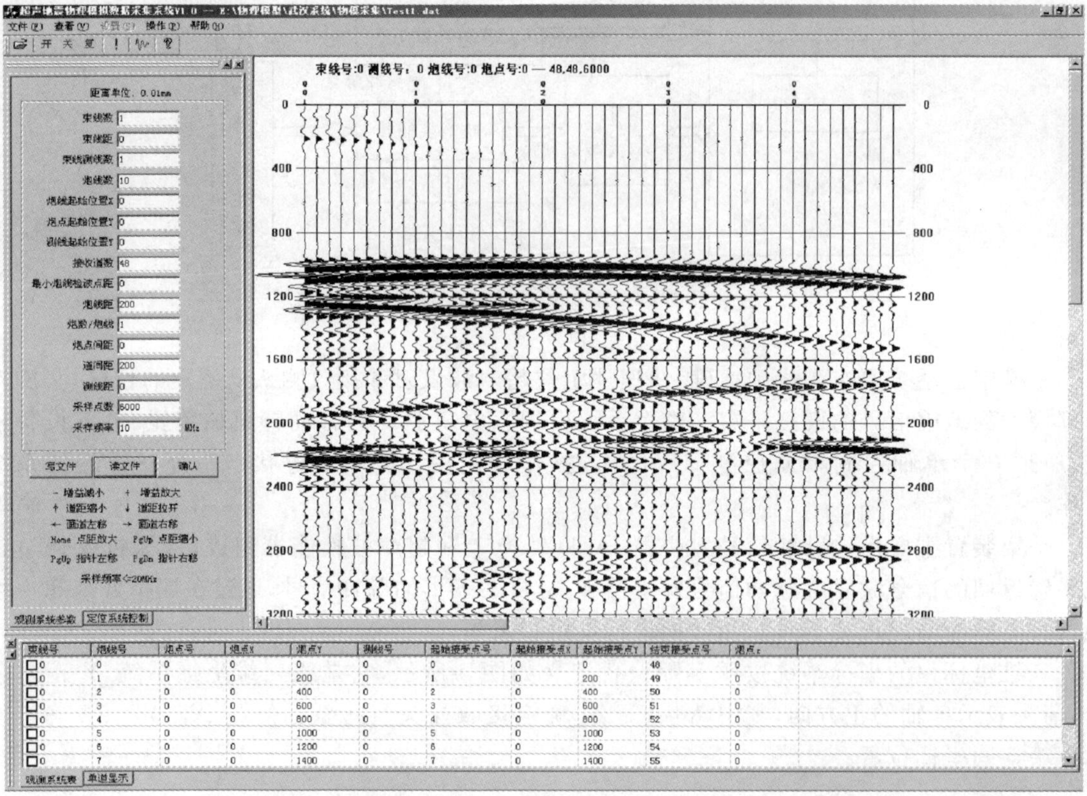

图 5　超声地震物理模型实验数据采集系统软件人机交互界面

数据采集软件系统的主要功能有三维坐标定位、观测系统生成、数据采集、数据显示等，如功能框图 6 所示。软件人机交互界面共分 3 个区(图 5)，左边参数区为测试时探头的定位、观测系统参数输入及观测数据文件的读写等。右边显示区主要以炮记录为单位显示实验数据波形。下边表格区包含单道实验记录显示、观测系统表功能。

二、数据采集系统软件各部分功能

1. 机械定位控制程序模块

软件的定位功能有：连续移动定位、点动定位、目标位置移动定位、设相对坐标原点等。如图 7 所示为定位控制面板。

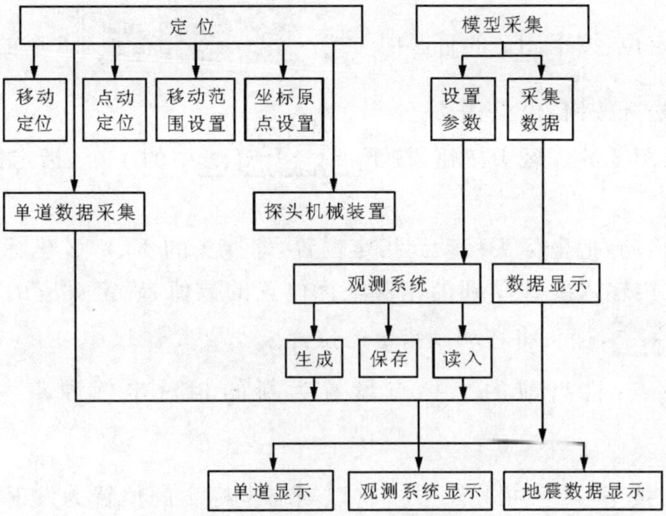

图 6　数据采集软件主要功能框图

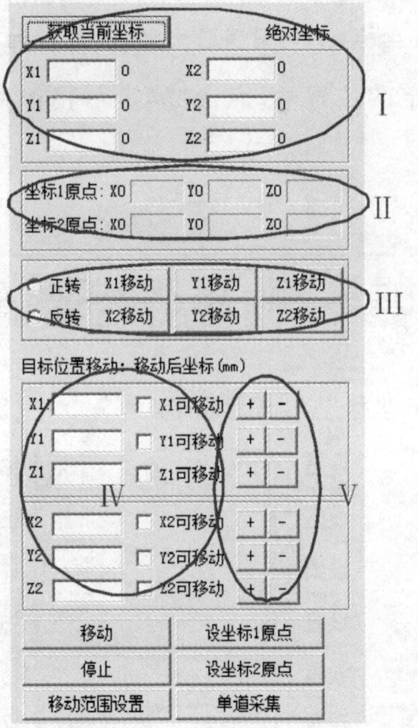

图 7　定位系统控制面板

(1)获取当前坐标：点击 获取当前坐标 ，系统将从控制柜获取坐标仪的绝对位置坐标、从配置文件读取系统设置的相对坐标原点，计算出当前位置的相对坐标，并显示在图 7 的Ⅰ区中的坐标位置显示框内，右边显示当前位置的绝对坐标，在Ⅱ区显示系统设置的相对坐标原点。

(2)连续移动定位:按下图 7 的Ⅲ区中 正转 反转 X1移动 Y1移动 Z1移动 X2移动 Y2移动 Z2移动 6 个的其中 1 个按钮时,坐标轴将连续移动,松开按钮,停止移动。

(3)点动定位:图 7 的Ⅳ区中按钮,按下 + - + - 中的 1 个,指定探头向某方向移动 1 个单位(mm)。

(4)目标位置移动:把坐标头移动到指定位置,即探头的 X、Y、Z 坐标值位置,在图 7 的Ⅴ区内对应的输入框内输入要移动到的相对坐标位置的数值,确定对应的轴可移动(选择框打钩),按下 移动 ,探头将移动到指定的位置。

(5)设坐标原点:将当前的坐标点设置为新的相对坐标原点,按下 设坐标1原点 或 设坐标2原点 即可。

(6)单道采集:按下 单道采集 ,将以当前坐标 2 的位置为发射点,坐标 1 的位置为接收点采集一道数据,并在单道显示区显示。

(7)移动范围设置:按下图 7 中 移动范围设置 ,弹出移动范围设置对话框,如图 8 所示。此功能是安装固定好探头,摆放好模型时,设置坐标轴的移动范围,避免操作过程中探头与水箱碰撞。点选 设置最小坐标 或 设置最大坐标 ,在控制面板上用合适的移动方式移动所要移动的坐标轴到需要设定的位置后,点击"确定",将保存当前设置的最小或最大坐标位置。

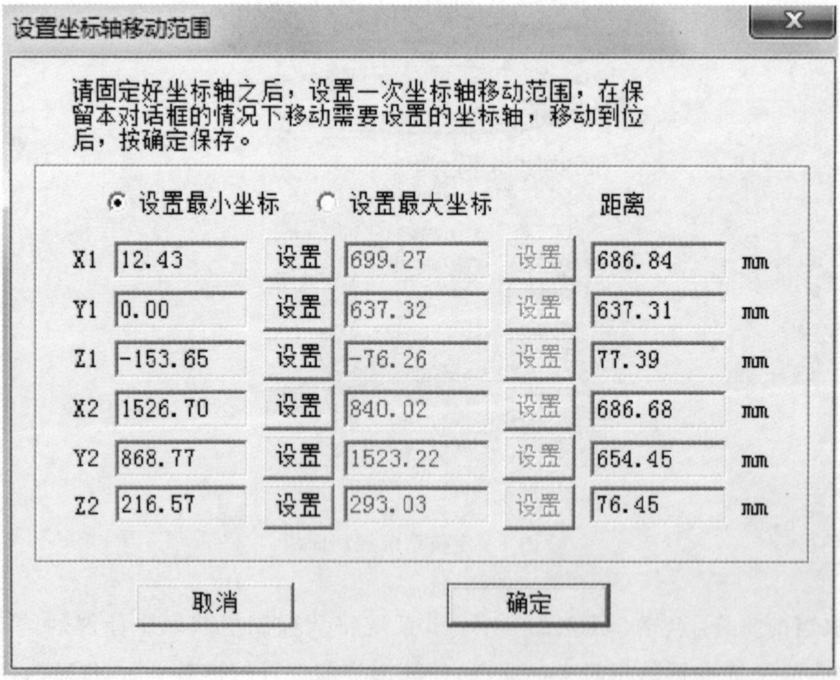

图 8　坐标轴移动范围设置

2. 观测系统设计

如图 9 所示，在本软件中观测系统也就是地震物理模型的采集计划，基本上按照野外采集放炮的方法设计观测系统表，以炮为单位确定采集炮点和检波点位置及数据采集方式，可设计地面二维、三维地震等采集方式，每个模型都需要有自己的观测系统，每次采集都需要有观测系统支持。观测系统设定后，按“确定”即完成观测系统输入，在观测系统表和观测系统图中，可看到相应的炮点和检波点观测位置，按“写文件”将同时生成观测系统文件和以炮为单位的数据文件，即可完成后面的采集，按“读文件”将自动填入观测系统参数和观测系统表。

(1)观测系统数据结构见表 1。

表 1　观测系统输入参数表

束线数	
束线距	束线间距离
束线测线数	每束线测线数(二维观测系统＝1)
炮线数	二维观测系统为炮点数
炮线起始位置	二维观测系统为炮点起始位置
测线起始位置	
接收道数	
最小炮线检波点距	二维观测系统为最小炮检距
炮数/炮线	二维观测系统＝1
炮线距	二维观测系统为炮点距
炮点间距	炮线之间的距离(二维观测系统忽略)
采样点数	
道间距	
测线距	
采样频率	

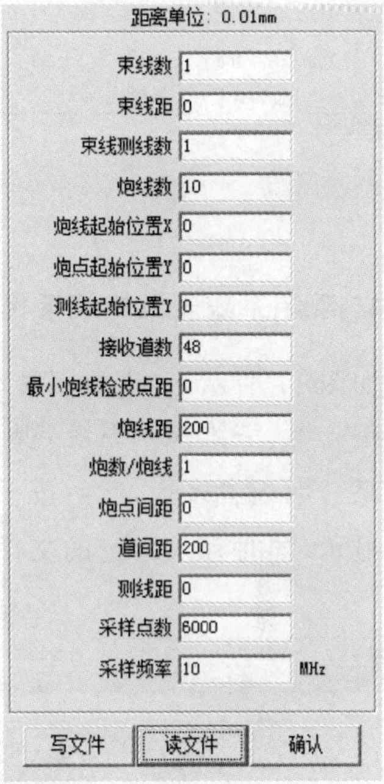

图 9　观测系统设计模块

(2)观测系统与模型的地震采集数据的关系。

模型的地震采集数据有两个同名不同后缀的文件：一个是观测系统参数，一个是数据文件，包含了观测系统表和采集的数据体，通过观测系统参数可以确定观测系统表，观测系统的表项指定了炮文件数据的指针。观测系统表主要依据束线数、束线测线数、炮线数、炮数/炮线生成，地震道数据文件以接收道数、采样点数确定记录长度，以观测系统表的条目来记录生成个数。

根据以上信息合理设计观测系统参数，然后保存为文件，得到一个观测系统文件和一个采集数据文件。两个文件均为二进制数据存储格式，观测系统为 32 位 int 型，数据按顺序存储；炮集数据文件为 16 位 short 型，数据按道顺序存储。

3. 单道显示

如图 10 所示为单道显示窗口，它的纵轴显示振幅，并能看到振幅值的大小，横轴为单道样点数。在窗口点击鼠标左键，可在状态栏看到对应样点和振幅值。当设备打开，探头移动到预定的位置进入工作状态后，按下定位窗口中的 单个采集 按钮，即可在如图 10 所示的单道显示窗口中看到由两探头所在位置所采集到的一道数据；在炮集显示窗口中，按鼠标左键选取一道数据也将在此窗口中看到此道数据的放大显示。利用此功能可供操作员检查系统状态和调试超声波发射器的能量。

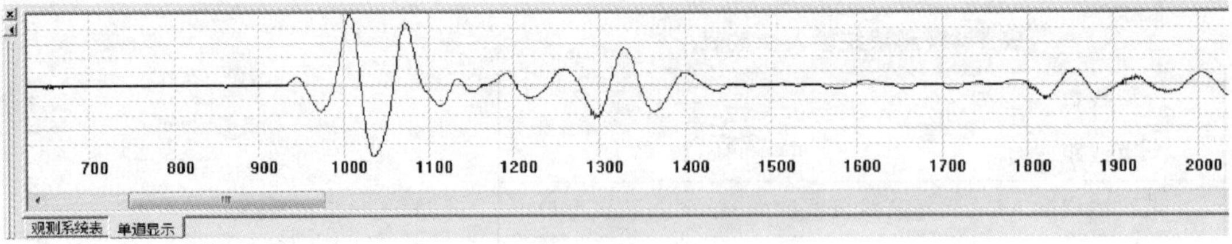

图 10　单道显示窗口

4. 观测系统表及连续采集

如图 11 所示，在观测系统设计窗口设计完参数，并保存为文件，可以打开所保存的文件，无论是二维、三维观测系统，观测系统表都将以炮为单位显示出要观测的所有炮。可以选取其中的某一炮或者多炮，然后按下工具栏中的按钮进行观测，采集的数据将在单炮显示窗口中显示，同时存入指定的文件。

束线号	炮线号	炮点号	炮点X	炮点Y	测线号	起始接受点号	起始接受点X	起始接受点Y	结束接受点号	炮点z
0	0	0	0	0	0	0	0	0	48	0
0	1	0	0	200	0	1	0	200	49	0
0	2	0	0	400	0	2	0	400	50	0
0	3	0	0	600	0	3	0	600	51	0
0	4	0	0	800	0	4	0	800	52	0
0	5	0	0	1000	0	5	0	1000	53	0
0	6	0	0	1200	0	6	0	1200	54	0
0	7	0	0	1400	0	7	0	1400	55	0
0	8	0	0	1600	0	8	0	1600	56	0
0	9	0	0	1800	0	9	0	1800	57	0

观测系统表　单道显示

图 11　观测系统表及连续采集

5. 单炮显示及实时采集炮集显示

如图 12 所示，在观测系统表中选择一炮数据，即可在此窗口显示，在实验连续采集过程中每采集一炮数据将即时显示在此窗口中。键盘“→”“←”方向键选择单道显示的道，在显示区以红色显示，“↑”“↓”方向键将改变显示的道间距离，“Home”键和“End”键改变数据点间隔的大小，“＋”键和“—”键将改变显示的振幅大小。

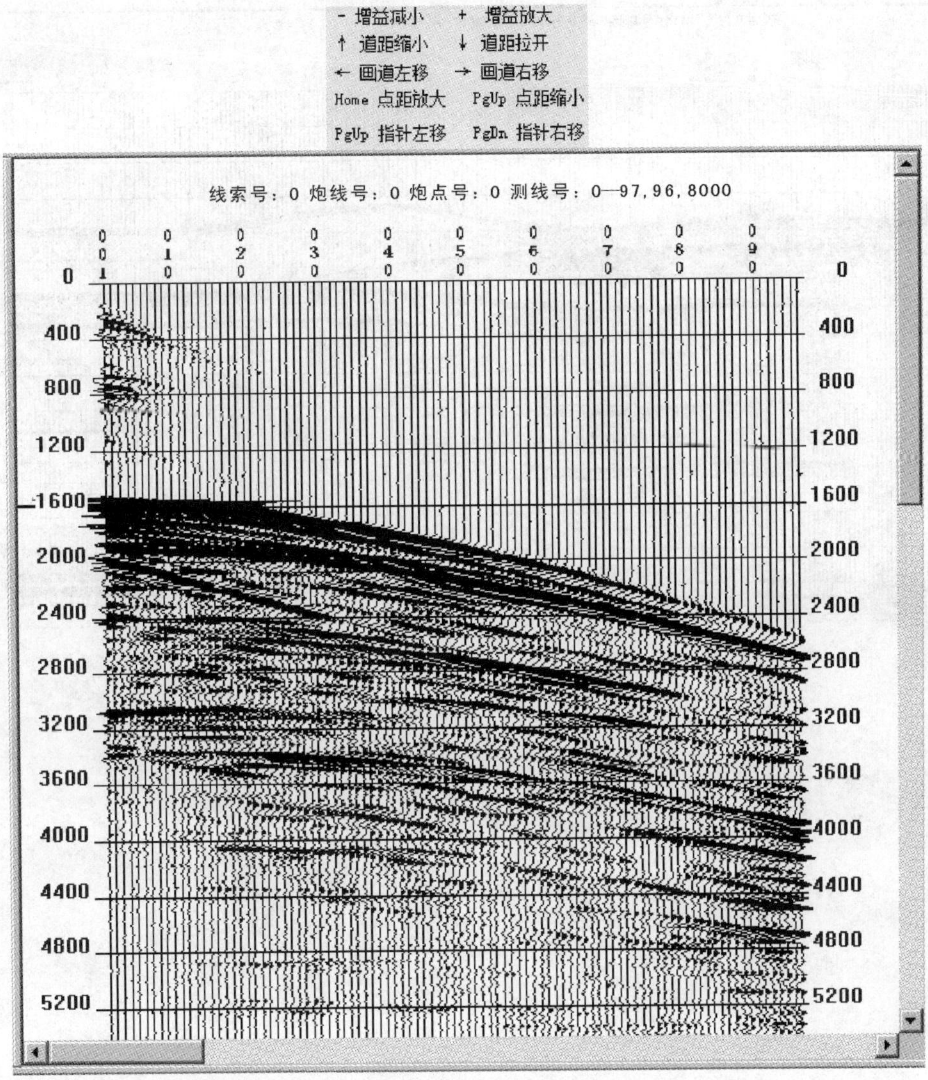

图 12　单炮显示及实时采集炮集显示窗口

6. 抽道集显示

如图 13 所示，在单炮显示窗口中选择一道数据，在观测系统表中点鼠标右键即得整条炮线所选道的抽道集。此项功能可以粗略查看类似于后期处理中所得的叠加剖面的效果。键盘“→”“←”方向键选择单道显示的道，在显示区以红色显示，“↑”“↓”方向键将改变显示的道间距离，“Home”键和“End”键改变数据点间隔的大小，“＋”键和“—”键将改变显示的振幅大小。

以上是整个数据采集系统软件的各部分功能，具体的实验操作可参考对实验基本步骤的描述。本软件是超声地震物理模拟实验三维坐标仪及采集设备的驱动软件，也是整个实验操作一体化的人机交互控制界面，同时也可以用于模型数据的查看、简单分析等基本操作。

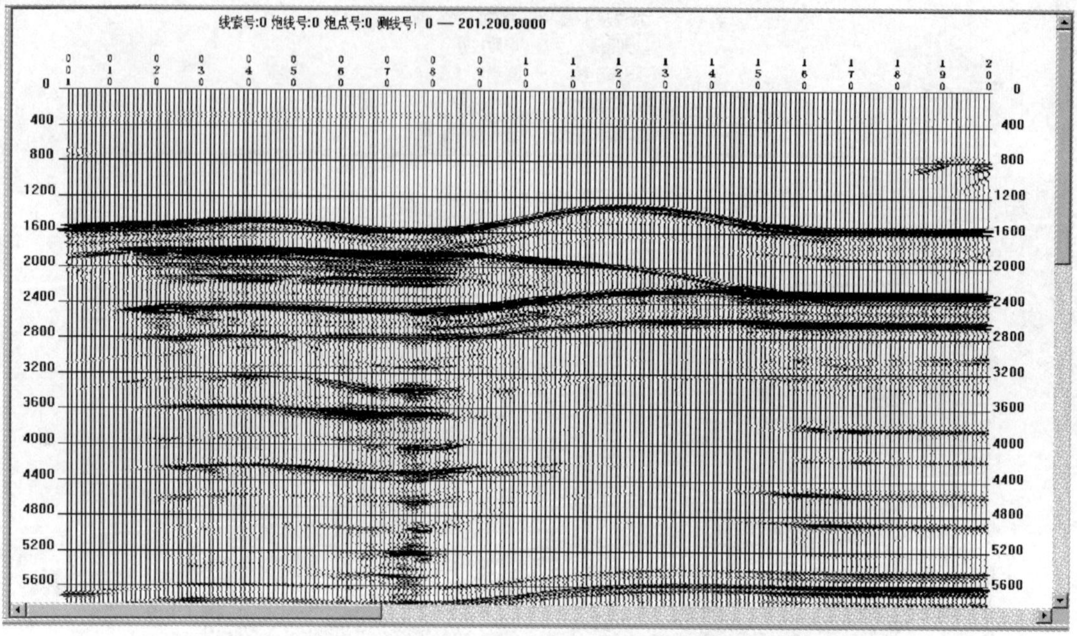
线索号:0 炮线号:0 炮点号:0 测线号: 0 — 201,200,8000
0
400
800
1200
1600
2000
2400
2800
3200
3600
4000
4400
4800
5200
5600

图 13　抽道集显示窗口

附件三 Geode地震仪操作手册

一、仪器简介

GEOMETRICS公司生产的Geode 96浅层地震仪(相当于4套独立的24道浅层地震仪),该仪器能满足折、反射地震勘探、井间勘探、面波调查等地震监测需要,应用CRYSTAL公司的A/D转换器和高速采样技术,达到了24位地震仪的精度。频带从1.75Hz到20 000Hz,采样间隔可以从20μs到16ms。采集的数据保存在32位的叠加器中,然后传回到主机的硬盘或其他介质上。Geode包装坚固、防水、防震,有提手,重4.1kg,用12V的外接电池可以连续工作10h(图1)。

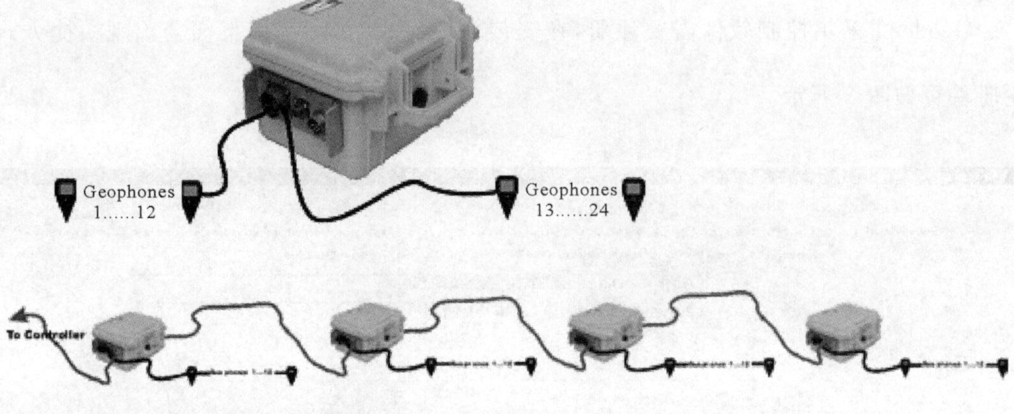

图1 Geode工作连接示意图(上图为单台,下图为多台连接)
(据GEOMETRICS公司提供的Geode Manual)

二、仪器主要技术指标

(1)A/D转换器:采用CRYSTAL半导体公司的24位A/D转换器。

(2)动态范围:在2ms采样24位时,达到144dB(系统);110dB(瞬态测量)。

(3)畸变:2ms采样,1.75～208Hz,0.0005%。

(4)通频带:1.75Hz～20kHz,低频区域可选。

(5)共模抑制:>100dB(≤100Hz,36dB)。

(6)道间串音:－125dB(23.5Hz,24dB,2ms)。

(7)噪声背景:2ms,36dB,1.75～208Hz 条件下,射频干扰＜0.20V。

(8)叠加开关精度:采样率的 1/32。

(9)最大输入信号:2.8V 峰－峰值。

(10)输入阻抗:20kΩ·m,0.02f。

(11)前放增益:厂方以 4 道一组由软件成对可选 12dB 和 24dB 或 24dB 和 36dB。

(12)去假频率波:在 Nyquist 频率的 83%处为－3dB 下至 0dB。

(13)采样间隔:0.02ms、0.03125ms、0.0625ms、0.125ms、0.5ms、1.0ms、2.0ms、4.0ms、8.0ms、16.0ms。

(14)采集和显示滤波器。

①低截:输出 10Hz、15Hz、25Hz、35Hz、50Hz、70Hz、100Hz、140Hz、200Hz、250Hz、400Hz,Butterworth 滤波器,每倍频 24dB 或 48dB。

②陷波:50Hz、60Hz、150Hz、180Hz 压制 50dB 以上,中心频率 2%宽度。

③高截:输出 250Hz、500Hz 或 1000Hz,每倍频 24dB 或 48dB,滤波频率用户可选。

(15)记录长度:标准 16 384 样点,也可选 65 536 样点。

(16)延时触发:最大 4096 样点。

三、软件的注册

Geode 的采集控制软件需要注册,在安装软件完成后,计算机桌面会出现快捷方式 

,注册首页如图 2 所示。

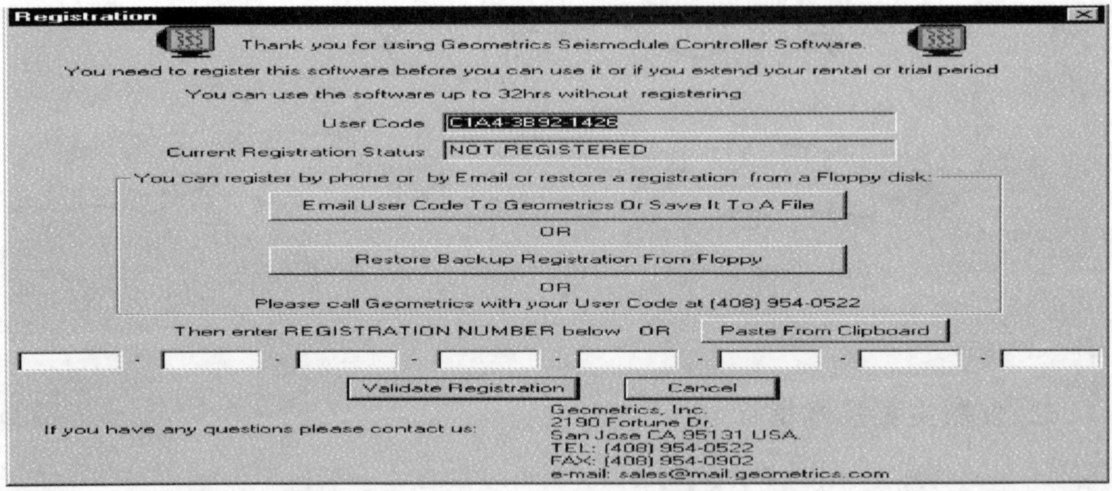

图 2　采集控制软件注册界面图

软件在没有注册的情况下,可使用 100h。提供用户码 USER CODE 到 GEOMETRICS 公司或者劳雷公司会提供注册码。

四、仪器的连接

首先连接Geode，然后电源输入：连接到12V电源，建议采用17～20A·h电池可满足10h不中断采集，数传线连接口连接到计算机，如图3所示。

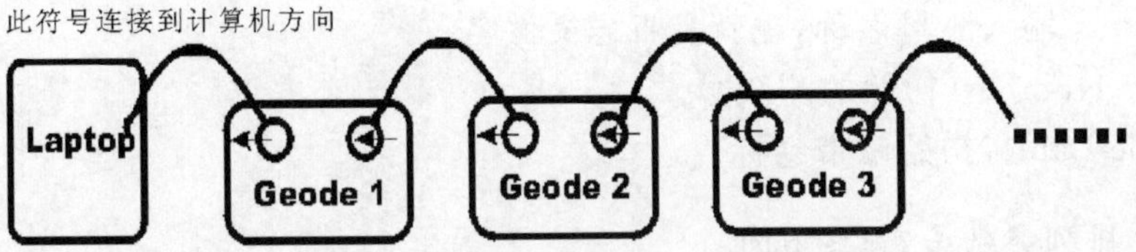

图3　多个Geode连接示意图

连接检波器：注意Y型转换电缆前后12道插头是有区别的。

五、仪器主采集菜单

运行桌面快捷方式

图标，出现如图4所示的主操作界面。

图4　主窗口界面菜单

各主菜单功能如下：

(1)Survey：测点名称。测线号的输入。

(2)Geom：排列设置。输入炮点、检波器点的桩号、道间距、炮间距及排列滚动方式(图5)。

(3)Observer：备注。输入天气、仪器操作员等信息。

(4)Acquisition：采集参数设置。采样率、记录长度、采集滤波器、叠加方式、采集道/无效道设置、前放增益的设置。

(5)File：文件。设置地震数据文件名、存储的文件夹、数据文件格式及回放读取数据。

(6)Display：显示。调整显示方式，包括调整单炮记录的显示方式、频谱显示方式等。

(7)Dosurvey：测量。这个菜单使用率最高，是否允许放炮、清除内存、存盘、打印、手动排列滚动、操作快捷键。

(8)Windows：调整显示窗口。

(9)Answer：折射解释。

(10)Print：调整打印方式。

(11)System：系统。调整仪器时间、日期、触发方式、检波器测试、内触发、仪器关机等。

六、各主菜单操作功能及细则

1. Survey

在主菜单 Survey 下可以完成以下功能。

Survey Name:输入测量名称,也就是日志文件名。

Initial Line Number:初始的测线号。

Initial Tape Lable:初始磁带卷标。

2. GEOM[排列参数设置(图 5)]

在主菜单 Survey 下可以完成以下功能。

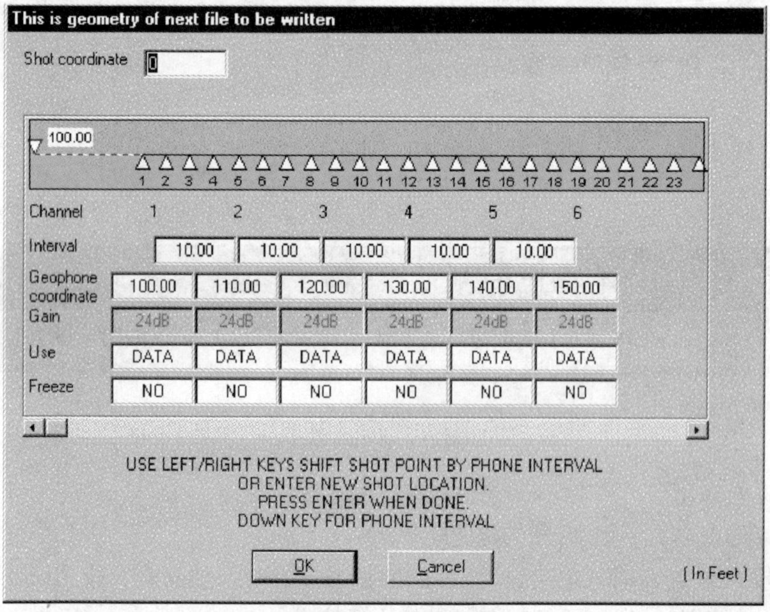

图 5 排列参数设置窗口图

(1)Survey Mode:测量方式。

(2)Group Interval:检波器道间距。

(3)Group/Shot Locations:检波器/炮点桩号设置。

Shot Coordinate:输入炮点桩号。

Interval:输入道间距(如果道间距不等的话)。

Geophone Coordinate:检波器桩号。

Gain:前放增益(另有菜单设置,见采集菜单)。

Use:地震道使用情况(可在采集菜单设置)。

Freeze:冻结。冻结地震道数据,不参与叠加,保护数据。

Roll Parameter:排列滚动方式设置。一般情况下,炮点和检波点同步滚动,排列可向右滚

(大号)或向左滚(小号),也可以自动滚动,但是必须选择文件自动存盘功能。

排列参数设置完成后会显示排列方式:触发位置(炮点桩号)及显示激活采集道和不采集道(图 6)。

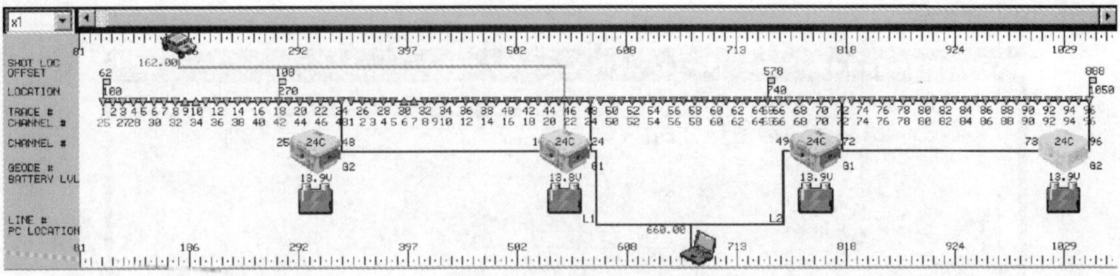

图 6　排列设置显示窗口图

3. Observer(备注)

编辑仪器操作注示、操作员名字、天气情况等。

4. ACQUISITION [采集参数设置(图 7)]

在主菜单 Acquisition 下可以完成如下功能。

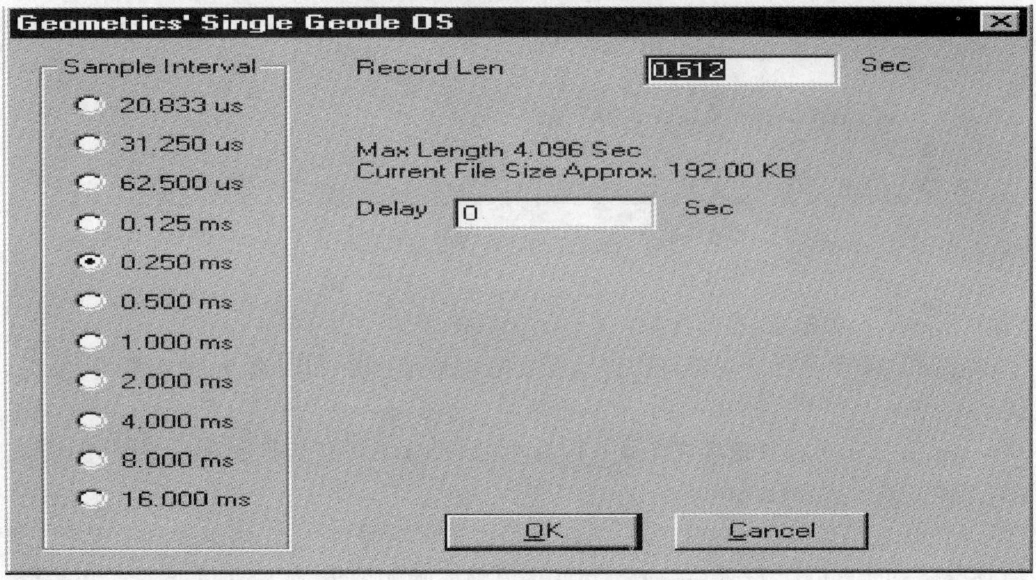

图 7　采集参数设置窗口图

(1) Sample Interval/Record Length:采样率/记录长度设置。

Sample Interval:采样率。地震波所采集的高截频。

Record Length:记录长度。

Delay:记录延迟。

(2)Acquisition Filter:采集滤波。仪器有两个滤波器,可选择低切、高切、陷波滤波器,滤波器陡度－24dB/倍频程,也可两个滤波器选择相同频率,则陡度增加 1 倍(－48dB/倍频程)(图 8)。

图 8　滤波参数设置窗口图

(3)Stack Option:叠加方式选择(图 9)。

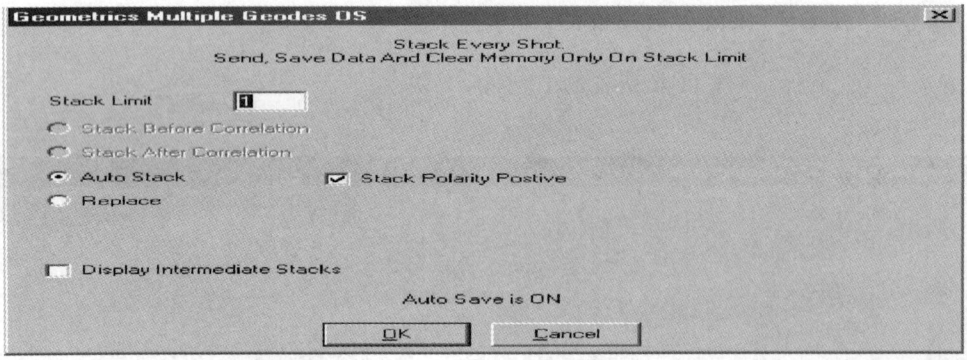

图 9　叠加方式选择设置窗口图

Stack Limit:叠加极限(叠加次数)。

Auto Stack:自动叠加。仪器自动将地震数据叠加到上次(相同炮点)的数据中,以提高信躁比。

Replace:替换。地震数据将替换原有内存中的数据(不进行数据叠加),在采用炸药震源时,多采用此方式。

Stack Polarity Postive:叠加极性。可更换所有道的信号极性,如初至首波正跳或负跳。

(4)Specify Channels:设置特殊道。可关闭某些不使用的道,如测井可能只使用 6 道。

用 1 输入为地震数据道,2 为辅助道,4 为无效道(即关闭该道)。

(5)Preamp Gains:设置地震道前放增益。输入 3 放大为 24dB,4 为 36dB,在图 5 窗口中输入。在所有的采集道数中,可设置部分道数前放增益 24dB,而另一部分道数前放增益为 36dB。

(6)Stack Polarity:可正也可负,即地震记录首波可正起跳,也可负起跳。

5. File[文件管理(图 10)]

在主菜单 File 下可以完成如下功能。

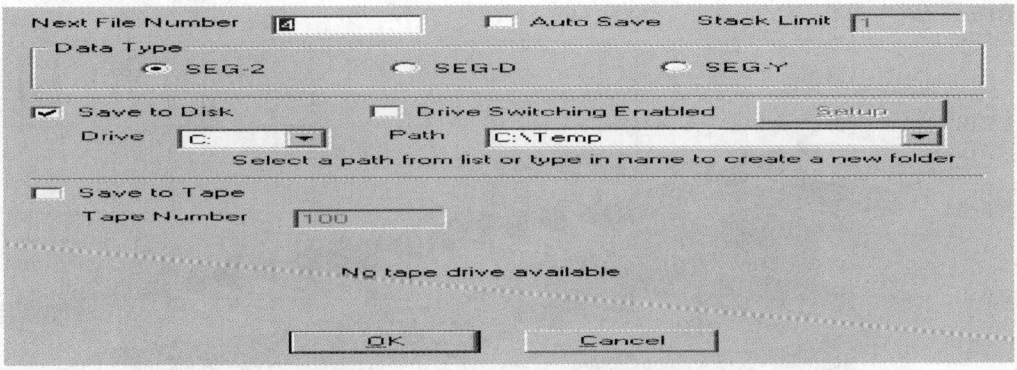

图 10　文件管理设置窗口图

(1)Storage Parameters:存储参数。

Next File Number:下一个地震记录的文件号。

Auto Save:仪器自动存盘。

Stack Limit:叠加次数限制。在选择自动存盘的情况下,输入叠加次数,在激发达到输入的次数后,仪器自动存盘。

Data Type:数据文件的格式。SEG－2,SEG－D 和 SEG－Y 均为国际标准地震数据格式,其中 SEG－D 和 SED－Y 在石油及煤田勘探使用更多。工程一般使用 SEG－2。

Save to Disk:存盘。Drive:存在哪个硬盘上;Path:存储的文件夹。

Save to Tape:将数据记录在磁带上。如果有磁带机,则选择此项。

(2)Read Disk:数据回放。查看以前采集的数据进入数据存储的文件夹,选择文件。

6. Display[显示方式(改变此菜单的任何选项,只是改变显示方式,不会改变地震数据)]

在主菜单 Display 下可以完成如下功能。

(1)Shot Parameters:单炮记录显示参数。

Display Boundry:显示地震的起始道和终了道的起始时间和终了时间。

Gain Style:增益设置。

Fix Gain:固定增益。

AGC:自动增益控制。在设置自动增益控制时,需要输入 AGC 窗口,此窗口将提供 AGC 增益计算调整。

Normalize:归一化的显示方式。

Trace Style:调整显示方式。

Variable Area:变面积显示方式。波性正向涂黑如图 11 所示。

Wiggle Trace:波形以轨迹方式显示。此方式目前用户较少使用。

Shaded Area:阴影显示方式。此显示方式用户使用较少。

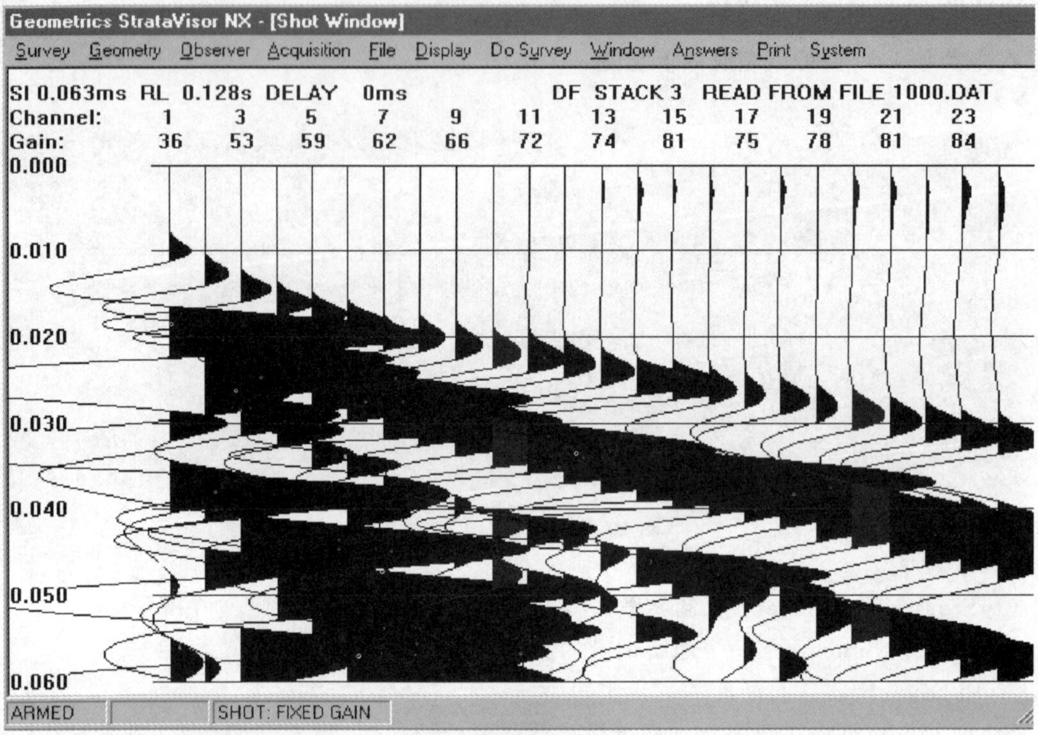

图 11　变面积显示方式图

Display Gain：显示增益设置。显示增益调整有 3 种方式：

Auto Scale Traces：自动调整幅度。

Adjust All：调整所有的道。手动调整所有道的幅度，如图 12 所示，上箭头增加，下箭头减少，每次 3dB。

Individual：分别调整每道的幅度，如图 13 所示，上、下箭头增加或减少幅度，左、右箭头改变道数。

图 12　手动调整所有道幅度图标

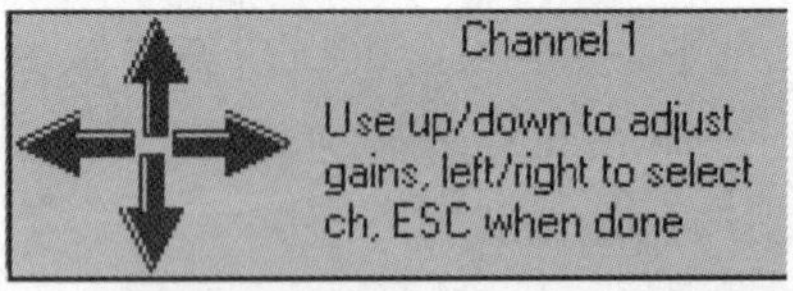

图 13　分别调整每道幅度图标

Display Filters：显示滤波。可对地震记录进行滤波。

Off 为不加滤波器。

Enable Display Filter：启动显示滤波器。

Roll－Off：滤波器的陡度。

High Cut：高切。Low Cut：低切。Notch：陷波器（中国为 50Hz 工频）。

(2)Spectra Parameters:频谱参数设置。

Display Boundary:调整显示起始道和终了道的频谱及频谱频率范围。

Analysis Parameters:频谱计算的方式。

(3)Noise Monitor Parameters:噪声监视的参数。通常此参数以快捷键方式设定,如 5mv 表示相邻道的幅度为 5mv。此参数越小,说明测线噪声背景越好。

(4)Geometry Tool Bar Display Setting:调整显示排列工具窗口的参数。

7. Do_Survey(测量)

窗口经常使用(图 14)。在主菜单 Do_Survey 下可以完成如下功能。

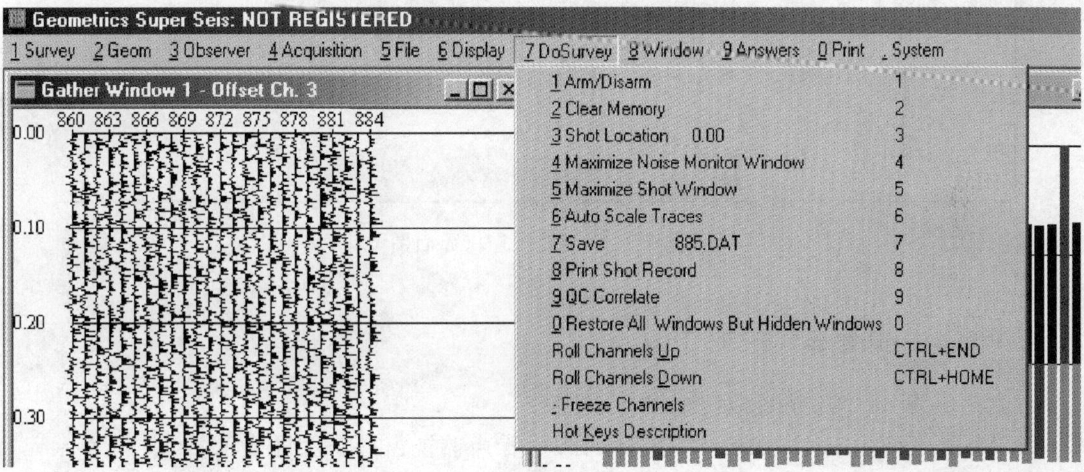

图 14　测量窗口界面图

(1)Arm/Disarm:Arm 准许放炮,同时仪器状态栏为绿色;Disarm 不准许放炮(仪器没有准备好,不接受触发),仪器状态栏为红色。

(2)Clear:内存清零。清除内存里的数据,准备接收新数据。

(3)Shot Location:确认炮点桩号。

(4)Maximize Noise Monitor Windows:仪器全屏显示实时噪声监视窗口,以便于观察,如图 15 所示。

(5)Maximize Shot Window:最大炮记录窗口。全屏显示炮纪录。

(6)Auto Scale Trace:自动调整信号幅度。

(7)Save:存盘。

(8)Print Shot Record:打印炮记录。

(9)Restore All Windows But Hidden Windows:恢复所有的显示窗口。

Roll Channel Up:手动完成排列的滚动,向大号(右边)滚动。

Roll Channel Down:手动完成排列的滚动,向小号(左边)滚动。

Freeze Channels:冻结地震道。

Hot Keys Description:快捷键描述。

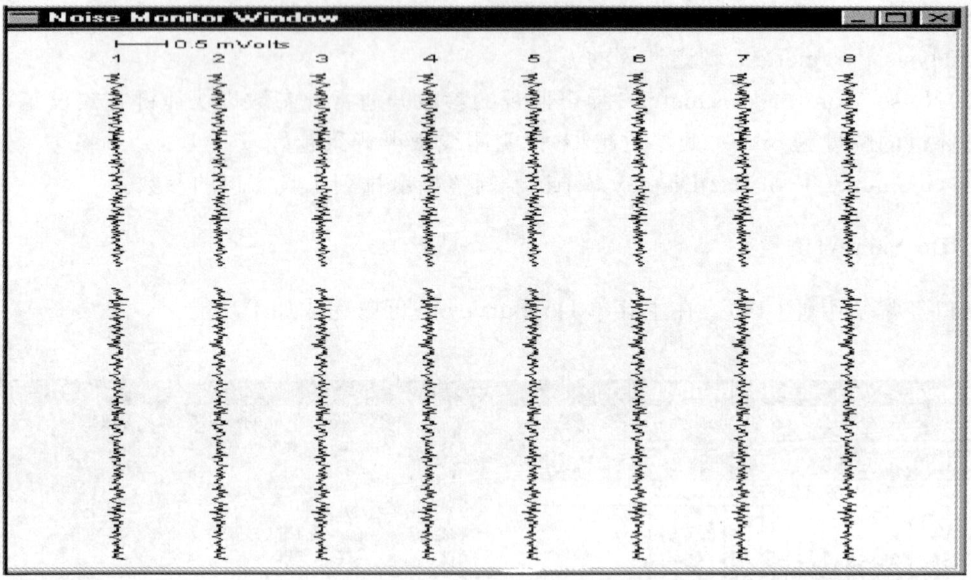

图 15　噪声监视窗口界面图

8. Windows(调整显示窗口)

在主菜单 Windows 下可以完成如下功能。

(1)Maximize Noise Monitor Window:最大噪声监视窗口。全屏显示。

(2)Maximize Shot Window:最大单炮记录窗口。全屏显示。

(3)Maximize Spectra Window:最大频谱显示窗口。全屏显示。

(4)Maximize Log Window:最大日志文件显示窗口。

(5)Tile All Windows Horizontally:水平显示所有窗口。

(6)Tile All Windows Vertically:垂直显示所有窗口。

View Geometry Tool Bar:显示或关闭排列工具窗口。

View Noise Monitor Window:显示或关闭噪声监视窗口。

View Shot Window:显示或关闭炮记录的窗口。

View Spectra Window:显示或关闭频谱窗口。

9. System(系统)

在主菜单 System 下可以完成如下功能。

(1)Set Date/Time/Units:设置日期/时间/单位。

用"TAB"键切换窗口,输入正确的日期和时间。

Units:单位,米或英制英尺。

(2)Trigger Options:触发选项(图 16)。

Trigger Holdoff:触发保持时间,两次触发间隔至少要 0.2s。

Arm Mode:准许放炮的方式选择。Auto 每完成一次触发后,仪器自动到准许放炮的方式。

Manual：每完成一次触发后，手动选择准许放炮方式。

Trigger Sensitivity：触发灵敏度调整。键头靠右，表示触发灵敏度越高，即仪器越容易被触发。注意：在使用锤击开关和 HVB－1 爆炸机时，不需要调整，只有用检波器触发仪器时，才会用到调整触发灵敏度。

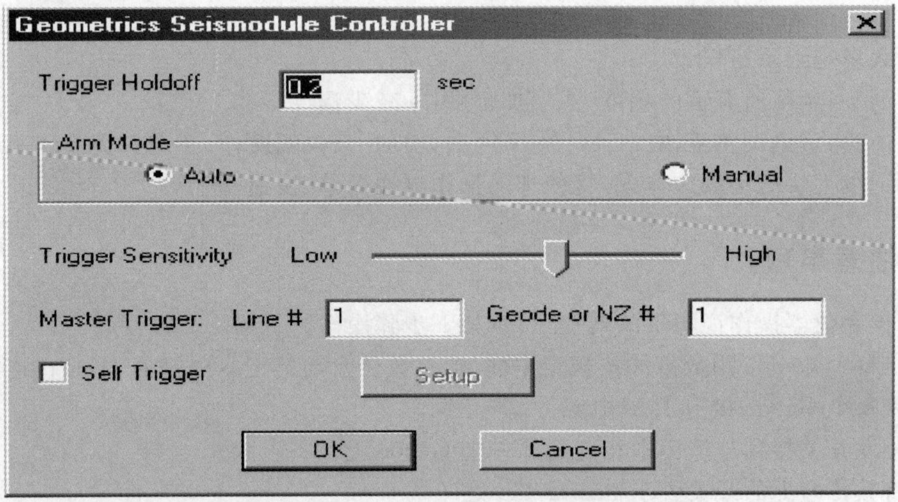

图 16　触发选项窗口界面图

(3)Test：测试。Run Geophone Test：测试检波器通断。

Update Acquisition Board Bios：升级仪器采集板的固化程序（此项不建议用户自己完成）。

(4)Select Repeater Board。为了加大采集站的数据传输距离，可以把一个采集站的地震道采集功能关闭，使其成为一个只完成数据传输功能的采集站。

(5)Serial I/O：串口输入/输出。可在仪器串口接入 GPS，同时仪器还可通过串口输出信息，如文件号。

(6)Manual Trigger：手动触发。触发仪器测试。

(7)Configuration Status：配置状态。显示采集板的配置状态及固化软件等信息。

(8)Alarm Setup：提醒鸣叫设置，如硬盘接近 90%，数据存满。

七、快捷键描述

快捷键要在屏幕没有其他菜单激活的情况下使用（在当前窗口直接按相应数字键）：

(1)Arm/Disarm：准许放炮触发/不准许触发切换。

(2)Clear：清除内存。

(3)Shot Location：确认或修改炮点桩号。

(4)Maximize Noise Monitor Window：最大噪声监视窗口。

(5)Maximize Shot Window：最大炮记录窗口。

(6)Auto Scale Traces:自动调整道幅度。

(7)Save:存盘。

(8)Print Shot Record:打印单炮记录。

(9)Restore All Windows:恢复显示所有的窗口。

在最大噪声监视窗口:

↑ 上箭头,增加道间灵敏度。

↓ 下箭头,减小道间灵敏度。

在最大单炮记录窗口:

→右箭头,调整所有道的幅度,↑增加幅度,↓减少幅度。

←左箭头,单道调整道幅度,↑↓上下键头,增加/减少幅度,←→左右箭头改变道数。

请熟记以上快捷键操作方式,将使您的操作更加简单、快速。

八、注意事项

在阅读完仪器操作说明书的前提下,按如下步骤操作。

(1)将每个 Geode 用数传线按规定串联,通过数传盒与笔记本电脑的 USB 口连接。

(2)将每个 Geode 接上 12V 电源。

(3)触发开关接到与笔记本相连的第一个 Geode 上。

(4)将数传盒上的开关置于 Power Up 处。

(5)启动采集控制程序,并按工作需要设置好各项参数,然后进行正常数据采集工作。

(6)在退出采集控制程序之前,应将数传盒上的开关置于 Power Down 处。

(7)依次卸下各连接线并清理整齐。

必须注意的是在正常工作过程中,任何时候移动数传线与 Geode 的连接头时,必须退出采集控制程序。另外 Y 型头上有红色标记的与 Geode 的前 12 道相连接。

附件四　HX－DHH－03J 型电火花声波发射震源使用说明书

HX－DHH－03J 型电火花声波发射震源(图 1)，该震源的主要特点为发射能量大、频带宽、测时准确、安全性好、有多种保护功能、重量轻、体积小、抗震性好等。

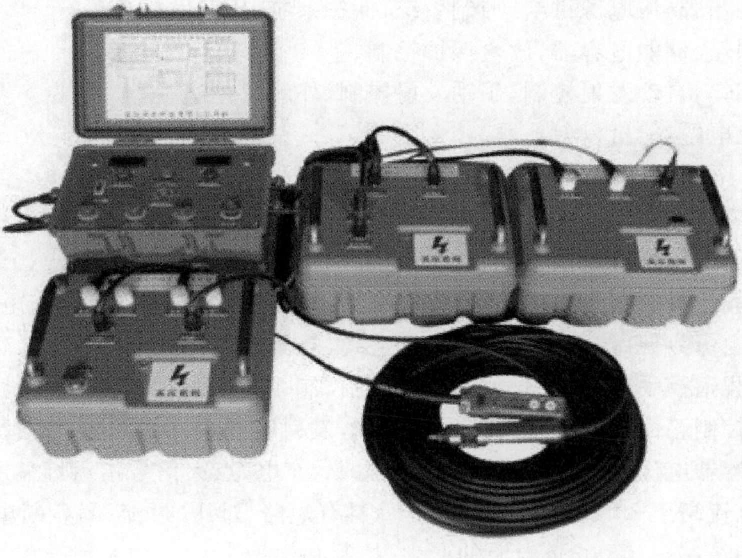

图 1　HX－DHH－03J 型电火花声波发射震源

一、技术参数

(1)电源输入：交流 220V±10％。

(2)充电电压：0～10 000V。

(3)标准电容量：6×100μF。

(4)计算功率：0～30 000J。

(5)充电时间：0～3min。

(6)工作状态：间隙工作。

(7)能量发射：水平发射。

(8)触发方式：外触发。

(9)匹配仪器：地震仪、声波仪。

(10)安全保护:漏电保护、短路保护、过压保护、过流保护、电容放电保护、紧急断电保护。

(11)设备重量:每独立件小于 20kg。

(12)工作环境:井间。

(13)海拔高度:小于 3000m。

(14)潜水深度:小于 300m。

二、设备组成

1. 智能电火花系统由六部分组成

(1)供电设备:发电机或外接电网电源。

(2)主控制箱:充电电源供给,控制系统,显示系统,保护系统。

(3)高压控制箱:高压电源供给,控制系统,保护系统,风扇散热。

(4)储能控制箱:储能电容器,放电保护控制。

(5)发射控制箱:自动发射控制,手动发射控制,外触发控制。

(6)发射头及电缆:能量发射。

2. 设备说明

(1)供电设备:采用发电机供电或者电网电源供电,电压要求为 220V±10%。

(2)主控制箱:①具有 0~10 000V 充电控制系统。充电电压的高低由充电时间控制,充电时间在控制面板上可方便调节,引出充电控制电缆,连到高压控制箱,充电启动和停止可在主控制箱面板或远程遥控手柄上控制。②具有发射控制系统。发射控制线连到发射控制箱上,发射启动可由主控制箱面板或远程遥控手柄控制,发射时间由用户设定。③具有交流输入电压、充电电压(电容器电压)数字显示,具有控制电源、充电、点火信号指示灯显示。④具有漏电保护功能,漏电电流高于 30mA,系统自动断电,具有短路、过压、过流、紧急断电保护功能。

(3)高压控制箱:0~10 000V 电源的产生、控制和保护。

(4)储能控制箱:由 6 个控制箱组成,1 个主控制箱和 5 个辅助控制箱,主控制箱具有储能和放电保护功能,保证电容器在不工作时电压为零,每个电容器的电容值分别为 100UF,并联组合可得到 600UF 的电容值。

(5)发射控制箱:具有自动发射控制和手动发射功能。

(6)发射头:具有产生震动波的功能,它由特殊合金材料加工而成,具有高绝缘、高强度、耐高温、放电间隙可调的特性。外触发感应控制器安装在发射头里面。

3. 设备连线图(图 2)

4. 安全说明

(1)所有的控制箱内部器件都采用特殊绝缘处理。

(2)所有的接线端子都有安全保护帽。

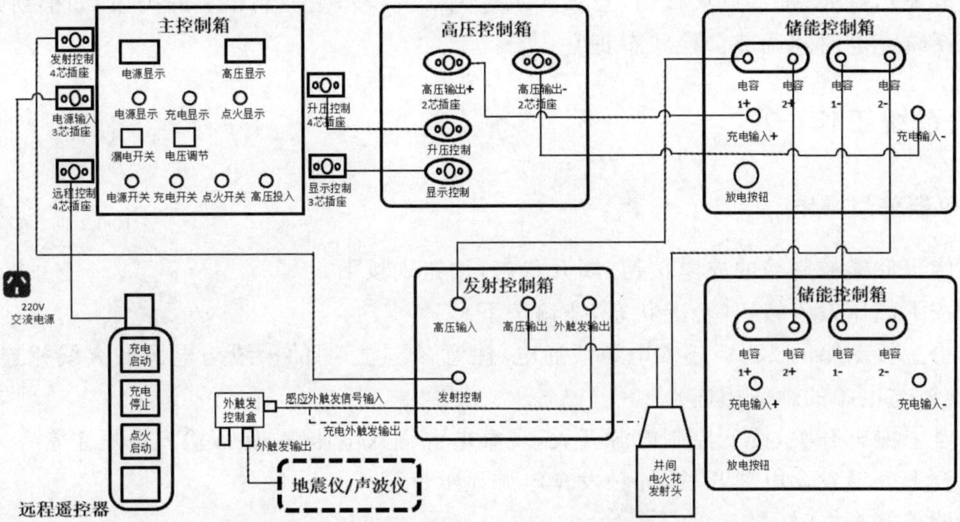

图 2　井间电火花震源设备连接图

三、电火花安全操作规程

1. 使用前准备工作

(1)选好储能控制箱数量，按下放电按钮，使储能控制箱处于放电状态，保证储能控制箱电容正负极之间的电压为零，设备摆放在干燥的地方，操作人员戴好岳阳奥成科技有限公司准备的安全绝缘手套(电容器的数量越多，计算能量越大，数量可任意选择。)

(2)在确认系统没有电的情况下，使电火花主控制箱的高压投入按钮处于断开状态(按钮未按下)，电源控制按钮、充电按钮、发射按钮处于断开状态(按钮未按下)，设定初始充电时间为 5s，按电火花总接线图连线，接好机箱地线。

(3)将外触发盒的输出口与仪器外触发口相连，仪器的接收端口与岳阳奥成科技有限公司生产的电火花专用接收传感器相连。

(4)调整好仪器参数。

2. 系统自检

(1)保证高压投入按钮处于断开状态(按钮未按下)。

(2)将主控制箱的 220V 输入电源线通电(注意：线上标明的火线与电源的火线相连，线上标明的地线与电源的地线相连)。

(3)合上漏电开关，按下控制电源开关，观察电源输入电压表，保证输入电压正常。

(4)操作遥控手柄上的按钮，按下充电启动按钮，充电显示灯亮；按下充电停止按钮，充电显示灯灭；按下点火按钮，点火显示灯闪烁。操作主控制箱上的按钮，如得到同样的结果，则系统自检状态正常。

（5）操作遥控手柄上的按钮，按下充电启动按钮 5s 以上，充电显示灯 5s 灭；按下充电停止按钮，充电显示灯灭；按下点火按钮，点火显示灯闪烁。操作主控制箱上的按钮，如得到同样的结果，则系统充电时间调节自检状态正常。

四、系统工作

1. 仪器使用操作

（1）旋出储能控制箱的放电按钮（断开状态，按钮未按下）。

（2）按下高压投入按钮（合上状态，按钮按下）。

（3）将主控制箱的 220V 输入电源线通电（注意：线上标明的火线与电源的火线相连，线上标明的地线与电源的地线相连）。

（4）合上漏电开关，按下控制电源开关，观察电源输入电压表，保证输入电压正常。

（5）合上外触发盒电源开关，外触发盒电源显示灯亮。

（6）调节好充电时间。

（7）按下远程遥控手柄上的充电启动按钮，高压显示表显示储能控制箱中电容器两端的电压，待电压上升到希望值时，按下遥控手柄上的停充按钮（放电电压可到 10 000V，为了保证安全，出厂时设定过压保护点为 8000V，建议用户使用电压为 3000～6000V）。

（8）按下遥控手柄上的发射按钮，电火花发射头发射声波，同时主控制箱充电电压表显示为零，接收仪器上显示波形。

2. 工作完成后，请按下列程序进行操作

（1）按下放电按钮，保证主控制箱高压显示为零。

（2）旋出控制电源按钮。所有电压表和信号灯无显示。

（3）旋出高压投入按钮。

（4）断开 220V 输入电源。

（5）撤除连接线。

（6）合上所有控制箱，断开外触发盒的电源，取下电池。

（7）包装好发射头和外触发控制设备。

五、安全使用注意事项

（1）对于高压设备，每个操作人员必须严格遵守安全操作规程。

（2）设备应摆放在干燥的地方，操作人员须戴好岳阳奥成科技有限公司准备的专用安全绝缘手套。

（3）接线和拆线时必须在电火花所有设备完全无电的状态下进行，并按下放电按纽。

（4）电火花工作时，操作人员和其他工作人员应尽量远离高压设备，使用远程遥控手柄操作。

（5）储能控制箱在工作状态发生系统断电或设备故障时，应尽快使储能控制箱处于放电状态，使电容器两端电压迅速降为零；在非工作状态时，尽量使其处于放电状态，保证电容器两端

电压为零。电火花处于工作状态时，绝对不要按下放电按钮，只有在按自动发射或手动发射后才能按下放电按钮。

(6)必须使用专用接收换能器，才能保证仪器设备的安全。

(7)设备工作时，如发现漏电开关多次重复启动应停机检查设备。

(8)高压时，需尽量减少使用放电按钮，特殊情况除外(系统断电，设备故障)。必须是发射后才能按下放电按钮。目的是防止发射放电不完全。

(9)紧急情况下，操作者须带安全手套，卸下发射控制箱上的标签盖板，插入手柄，手动放电。

(10)设备在高压状态下发生故障时的处理：①按下停止充电按钮。②按下发射按钮或手动发射。③按下放电按钮。④关闭电源。⑤找故障原因。⑥绝对不能首先按下放电按钮。

六、常见故障处理

故障现象	故障原因	处理方法
开机电压无显示或者显示不正常	①电网或发电机供电电压不正常 ②电源线没有连接好	①检查电网或发电机供电电压 ②检查电源线是否连接好
充电电压低	①放电按钮闭合 ②充电时间调整不当	①旋开放电按钮 ②重新调整充电时间
充电结束，发射没有采集到信号波形	①外触发连线不正确或没9V电源 ②仪器参数调整不当 ③发射控制器不正常 ④发射头间隙调整不当，没有发射 ⑤外触，发盒电池没电 ⑥系统故障	①重新按设备连线图连线，检查9V电源 ②重新调整仪器参数 ③观察发射控制器是否工作 ④重新调整发射头间隙或提高发射电压 ⑤更换电池 ⑥联系奥成科技有限公司
主控制箱可操作，远程操作手柄不能操作	远程操作手柄故障	①检查远程操作手柄连线 ②联系奥成科技有限公司
漏电开关反复动作	主控制箱不正常	联系奥成科技有限公司

七、时间调节器参数参考

电容器电压(V)	时间(一台电容器)(s)	时间(两台电容器)(s)
3000	5.5	9
4000	7	12
5000	8.5	16
6000	10	19.5